WithEating

U0306751

图书在版编目（CIP）数据

食帖 . 9，了不起的面包 / 林江主编 . —北京：中
信出版社，2016.5（2016.5重印）
ISBN 978-7-5086-6006-6

I. ①食… II. ①林… III. ①饮食 - 文化 - 世界
IV. ①TS971

中国版本图书馆CIP数据核字(2016)第050945号

食帖 . 9，了不起的面包

主　　编：林 江
策划推广：中信出版社（China CITIC Press）
出版发行：中信出版集团股份有限公司
　　　　　（北京市朝阳区惠新东街甲 4 号富盛大厦 2 座　邮编　100029）
　　　　　（CITIC Publishing Group）
承 印 者：北京尚唐印刷包装有限公司

开　　本：787mm×1092mm　1/16　　　　　拉　　页：6
印　　张：9.75　　　　　　　　　　　　　字　　数：187 千字
版　　次：2016 年 5 月第 1 版　　　　　　印　　次：2016 年 5 月第 2 次印刷
广告经营许可证：京朝工商广字第 8087 号
书　　号：ISBN 978-7-5086-6006-6
定　　价：42.00 元

一粒小麦，就是一个世界
全球小麦的分布及分类

△ **路遥** | edit
△ **Ricky** | illustration

小麦，禾本科（Gramineae）、小麦属
（Triticum）。世界历史上最古老的作
物之一，原产于西亚，底格里斯河和幼
发拉底河上游。新石器时代，随着人类
文明跨越式的发展，肥沃新月地带的居
民成功地培育出这种粮食作物。

小麦种植区域广泛，多分布在纬度较高
地区，从北纬 67° 的挪威、芬兰直到南
纬 45° 的阿根廷均有栽培。目前小麦占
世界粮食总产量第三位，全球约有五分
之二的人以小麦为主食，其呈现方式以
面包和亚洲面食为主。世界生产小麦的
地区主要有俄罗斯南部、美国中部平原
和加拿大相邻地区、地中海地区、中国、
印度、阿根廷北部以及澳洲西南部。

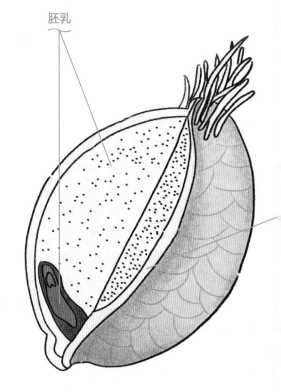

胚乳

#1 按皮色划分

种 类	红皮小麦	白皮小麦	混合小麦
表皮颜色	深红色或红褐色	黄白色或乳白色	皮色根据红白小麦混合的比例不同而不同

#2 按籽粒粒质划分

种 类	硬质小麦	软质小麦
特 点	胚乳结构紧密，呈半透明玻璃质状	胚乳结构疏松，呈石膏粉质状
蛋白质含量	较高	较低

麸皮

#3 按播种时节划分

种 类	春小麦	冬小麦
播种期 / 收获期	3~5 月播种 / 8~9 月收获	8 月下旬 ~10 月中旬播种 / 来年 6~7 月收获
种植地域要求	气候寒冷、冬季较长的地区	可种植地域较广，种植面积约占全球小麦总面积的 75%

#4 小麦品质好坏的决定要素

小麦品质的好坏主要取决于麸质的含量和质量。

麸质是小麦中的一种由麦醇溶蛋白质和麦谷蛋白质组成的具有弹塑性的胶状水合物，是面粉最重要的营养指标和加工品质指标。除弱筋小麦外，麸质含量越高越好。面筋指数越小，面包的内部结构越好，越柔软、平滑、细腻、富有弹性，气孔也越细密、均匀，从而坚实度就越小。面粉的筋力与面包烘焙品质有着极其密切的关系，可以根据面筋指数的大小来预测面包烘焙的特性。

麸质存在于小麦、黑麦、大麦等谷物当中。

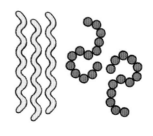

麸质主要由醇溶蛋白质和谷蛋白质构成。

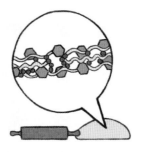

当与水混合，这些蛋白质就会改变形状，
结合在一起，成为新的麸质链。
正是这些麸质，令面团更加强韧。

麸质通常存在于小麦种子中。

#5　不同国家的划分标准

加拿大 | Canada

加拿大素来以生产优质小麦而闻名。国内主要生产春小麦，占小麦总生产量的 80%。加拿大种植的春麦中，约 80% 为硬质红小麦，其次是

加拿大的小麦质量标准是将小麦分为 7 类：

加拿大西部红春小麦、加拿大西部琥珀色硬粒小麦、加拿大西部软白小麦、加拿大平原红春小麦、加拿大平原白春小麦、加拿大西部超强筋

※ 7 类包含 19 个等级，划分为 4 个种植区，并引入了蛋白质含量的指标。

美国 | USA

美国联邦政府的农业管理机构是美国农业部 (USAD)，根据《联邦谷物法》，下设联邦谷物检验局（FGIS），专门负责制定谷物的质量标准和检验方法标准。按《联邦谷物法》美国小麦分为 6 个基本类型，并分 5 个等级，所有种类的小麦都按这个等级标准分等，每项等级标准是固定且不能随意更改的。等级项目包括：容重、损坏麦粒、夹杂物、皱缩及破损粒、异类小麦、其他小麦等。

按《联邦谷物法》美国小麦分为 6 个基本类型：

硬红冬麦、硬红春麦、软红冬麦、软白麦、硬白麦、杜兰小麦。

HARD RED WINTER

硬红冬麦（Hard Red Winter）

外皮呈红褐色，为红皮小麦。胚乳结构紧密，为硬质小麦，同时由于蛋白质含量较高，其面筋强度适中。

适用：多用于制作亚洲面食、饼食等，被作为一般用途的面粉。

HARD RED SPRING

硬红春麦（Hard Red Spring）

外皮呈红褐色，为红皮小麦。其蛋白质含量极高，硬胚芽，呈硬质小麦的特征，面筋强度强，具有高吸水性。

适用：磨成面粉后多用于制作面包、卷饼、贝果、汉堡、比萨饼皮等常见的面包。

软

外小面

适饼

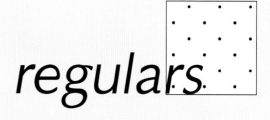
出版人：**苏静**　总编辑：**林江**　艺术指导：**broussaille 私制**　内容监制：**陈晗**　内容编辑：**陈晗、杨慧、路遥、王蕊、袁月、赵圣**

特约撰稿人：**Agnes_Huan 歡、于骁**　特约摄影师：**王姝一**　特约插画师：**Ricky、潘类类**　品牌运营：**杨慧**

策划编辑：**王菲菲、段明月**　责任编辑：**段明月、刘莲**　营销编辑：**那珊珊**　平面设计：**张一一**

Publisher ○ **Johnny Su**　Chief Editor ○ **Lin Jiang**　Art Director ○ **broussaille_Design**　Content Producer ○ **Chen Han**

Editor ○ **Chen Han, Yang Hui, Lu Yao, Wang Rui, Yuan Yue, Zhao Sheng**　Special Editor ○ **Agnes Huan, Yu Xiao**

Special Photographer ○ **Wang Shuyi**　Special Illustrator ○ **Ricky, Pan Leilei**　Operations Director ○ **Yang Hui**

Acquisitions Editor ○ **Wang Feifei, Duan Mingyue**　Responsible Editor ○ **Duan Mingyue, Liu Lian**

PR Manager ○ **Na Shanshan**　Graphic Design ○ **Zhang Yiyi**

麦子的旅程

当《神秘岛》中的少年，在马甲夹层里发现了一粒小麦后，他将那粒对当时的他们来说独一无二的小麦，递给了工程师。工程师问少年，要拿这仅有的一粒小麦做什么，少年毫不犹豫地回答："做面包！"

约在一万年以前，人类就开始食用小麦，最初的吃法可能只是煮食。直到有一天，生活在美索不达米亚一带的人们，突然发现小麦可以研磨成粉，与水调兑变成面糊……然后，他们就做出了面包。虽说当时的面包，只是一种未经发酵、以石板煎烤的面饼，和中东地区今天仍在吃的皮塔饼、犹太教逾越节吃的无酵饼以及印度的馕等，极其相似。但在当时的他们看来，这种经过重新组合，完全改变并超越了小麦原始形态与风味的食物，已经是神的恩赐。

麦子继续生长，人们继续吃饼，直到公元前三四千年的一天，古埃及人发现了一个奇妙现象：晾晒在日头下的面团变大了。虽尚不知这就是"发酵"，但他们确定了一件事：面团在一定温度下会"长大"。他们用"长大"的面团，烘烤出了更蓬松可口的面包，并将这种面包制法传入古希腊和古罗马。约公元前300年的古埃及人，甚至已学会用啤酒酵母来发酵面包，又有面包又有酒，日子过得不要太好。

到公元1000年左右时，几乎全欧洲的人都在吃面包。只不过，有的人吃的是"白面包"，有的人只能吃"黑面包"。面包在欧洲，不仅成了日常生活中的主食，也一度成为阶级身份的象征，还进一步渗透进西方人的思想，让他们在创造词汇的时候，也总忍不住要以"面包"为载体。比如英语中的companion（同伴）和company（陪伴），源自晚期拉丁词汇companio，意为"分享面包的人"；法语中的"copain"，意为"朋友、伴侣"，而copain的字面意思，也是"分享面包的人"。

不夸张地说，欧洲人的生活，是构筑在面包之上的。法国人至今会为买到一个好面包，开车跋涉20公里。德国人每年平均消费面包的量，是欧洲第一。意大利人只要用面包蘸着橄榄油吃，就能非常满足。

△ 陈晗 | text & edit

在亚洲，麦子也是主要作物之一，面包的出现却远远晚于欧美。日本算是先驱，从明治时代开始便向面包张开双臂。他们不仅引进学习欧美的面包种类与制作技艺，也发展出自成一派的面包风格，反过来吸引了欧美面包行业的注意。

而我国作为世界排名前三的小麦生产大国，自古种植小麦，为何却没有诞生出类似面包的食物，也没有吃面包的传统，而多是米面馒头？据推测有两种原因：一是在美索不达米亚平原人民发明出煎烤面饼的时候，他们的主要烹饪工具是石板等石器，而我们主要使用陶土锅，更适合制作蒸煮类食物，面团到了我们手里，也会优先考虑蒸煮形式，比如做成面条。二是气候差异，在本就干旱缺水的古埃及地区，用水来蒸煮食物稍显奢侈；而我们水土丰饶，一向以蒸煮为主，这一饮食习惯，到今天也没有太多改变。

幸而在近万年的错过之后，我们也终于爱上了面包。并且，我们的味蕾也开始不再满足于 20 世纪工业化生产出来的快速面包，而是本能地想念原始的麦子香味，试着摸索古老的面包技法，日夜喂养有生命的天然酵母，甚至去搭建古罗马式的柴火石窑。

麦子是有生命的，作为单细胞真菌的酵母是有生命的，暴露在空气中的面团是有生命的，凝神细听，刚出炉的面包外壳唱着歌，也是有生命的。一万多年过去，面包不曾淡出人类的生活，而是愈发地有生命力。

受访人 ●

※——Andrew Connole（安德鲁·康诺利）

澳洲面包店 Sonoma 创始人之一，Sonoma 首席面包师。

※——宗像誉支夫

2003 年开始创立"宗像堂"面包坊，主营石窑天然酵母面包。

※——Ben MacKinnon（本·麦金农）

东伦敦 E5 BakeHouse（E5 面包店）创始人。

※——Josey Baker（乔西·贝克）

面包烘焙师，旧金山面包店 Josey Baker Bread（乔西·贝克面包）创始人。著有《乔西·贝克的54道面包食谱书》（*Josey Baker Bread: 54 Recipes*）。

※——林育玮

原麦山丘主厨，三年前从台湾来到北京，做面包是他最喜欢的事。

※——Djibril Bodian（贾布里勒·博迪恩）

法棍面包师，2015 年巴黎最佳法棍面包制作者。

※——David McGuinness（戴维·麦吉尼斯）

澳洲连锁面包店 Bourke Street Bakery（柏克街面包店）创始人之一。代表作品《舌尖上的中国》《原味》等。

※——Cony

i 烘焙创始人之一。

撰稿人 ●

※——吉井忍

日籍华语作家，曾在中国成都留学，法国南部务农，辗转台北、马尼拉、上海等地任经济新闻编辑。现旅居北京，专职写作。著有《四季便当》《本格料理物语》等日本文化相关作品。

※——SanSan

面包烘焙师、面包店店主，日本东京蓝带学校甜点班毕业。

※——张佳玮

自由撰稿人。生于无锡，长居上海，游学法国。出版多部小说集、随笔集、艺术家传记等。

※——野孩子

高分子材料学专业的美食爱好者，"甜牙齿"品牌创始人。

※——小小小飞羊

日本东京蓝带学校高级甜点班毕业。

特别鸣谢 ●

Sonoma、Bourke Street Bakery、E5 BakeHouse、Josey Baker Bread、宗像堂、原麦山丘、i 烘焙

烘焙计量单位换算表 Baking Measurements Conversion Chart

注：所有表格中的数据皆是未制定表制表能

计量单位	计量单位（注：单位名称后面标注的是单位名称缩写）		换算表名						
				水	精制砂糖	食用油	酵母粉	面粉	蜂蜜
长度	英寸（in）	厘米（cm）	1in≈2.5cm						
	英尺（ft）	厘米（cm）	1ft≈30.5cm						
重量	盎司（oz）	克（g）	1oz≈28.3g						
	磅（lb）	克（g）	1lb≈16oz≈453g						
容积	量杯（cup）	毫升（ml）/克（g）	1cup≈235ml	1cup≈235g	1cup≈329g	1cup≈221g	1cup≈221g	1cup≈141g	1cup≈127g / 1cup≈282g
	大勺（table spoon）	毫升（ml）/克（g）	1tbsp≈15ml	1tbsp≈15g	1tbsp≈21g	1tbsp≈14g	1tbsp≈9g	1tbsp≈3g	1tbsp≈8g / 1tbsp≈18g
	小勺（tea spoon）	毫升（ml）/克（g）	1tsp≈5ml	1tsp≈5g	1tsp≈7g	1tsp≈4.7g	1tsp≈4.7g	1tsp≈3g	1tsp≈2.7g / 1tsp≈6g
	夸脱（quart）	毫升（ml）/克（g）	1qt≈946ml	1qt≈946g	1qt≈1316g	1qt≈884g	1qt≈884g	1qt≈564g	1qt≈508g / 1qt≈1128g
温度	华氏度（°F）	摄氏度（°C）	°C=5/9（°F-32）						

他们生活里的面包　△ 赵圣、路遥 | edit

爱和自由

知名美食博主，《亲子快乐玩烘焙》
《快乐手做面包》作者

孙夏

旅游美食节目《XFun吃货俱乐部》
主持人

※ --- 平日里做**面包**的频率？ ·

爱和自由： 吃面包，喜欢了30年；做面包，坚持了快10年。社交账号、出版的书，基本以面包为主。家里4年多的老酵，是我的另一个"孩子"。

每日早餐都是面包，周末会用种类繁多的工具制作家人喜爱的面包。旅行时，偶尔住到早餐没有面包或面包品质不佳的酒店，会感觉不舒服。行程中，必定会拜访当地知名面包房，行李箱里也被面包占据。

孙夏： 平时在国内，不忙的时候会自己做面包、蛋糕、派之类的西点。一周会吃三五次吧，早餐会选一些原味或者杂粮面包，下午茶会准备羊角包、吐司之类的面包。

※ --- 最喜欢什么样的**面包**？ ·

爱和自由： 最喜欢吃也最喜欢做"可颂"。外酥内湿软，深褐色牛角一样的外表下是蜂窝一样轻盈的内在，咬下后是满口奶油香，一口就会爱上。

但可颂的制作有一定难度，想要做出完美的牛角需要注意的细节很多，正因为难，也越发让人想要去追求，反复练习的过程充满了乐趣。"可颂虐我千百遍，我待可颂如初恋"。

孙夏： 羊角包、吐司、法棍、Brezel（德国椒盐卷饼）、甜甜圈都挺喜欢吃。不过就算花样再多，我觉得面粉和酵母应该始终是面包的灵魂。即使用了再多的配料，也得能尝到纯粹的麦香才行。而发酵得恰到好处的面包，除了好看，吃起来也会软硬适中有嚼劲，还不松散。满足了这两点，我想应该算是一款好面包。

※ --- 一个有关**面包**的记忆。 ·

爱和自由： 小时候去南京，家人带我到金陵饭店，买了两个丹麦果酱面包，口味大概是草莓和杏吧，一下子被惊艳到，心想："怎么会这么好吃！"这就是我与面包结缘的开始。自己会做面包后，一心想做出满意的起酥面包。但新手阶段的尝试往往不成功，过程充满艰辛，甚至3年内都没再尝试酥皮。现在，手艺渐佳，经常做一些送朋友，给他们留下了难忘的味觉记忆。

孙夏： 在德国Mainz（美因茨）的街边小店吃Brezel，一口咬得太大，直接噎住，又没有水，只能干咽，那种尴尬，只有被噎过才知道！不过从此却爱上了Brezel。它外表特别朴实，甚至让人看了都没什么食欲。但是一旦尝过，就不会忘记它弹性又有嚼劲的口感，以及慢慢渗透到舌尖的麦香和海盐淡淡的咸味。后来又吃过很多次Brezel，发现冷的比热的还要好吃，而且跟德国Riesling（雷司令白葡萄酒）超配！

Nicole

爱折腾的美食家，闲不住的旅行者
用心拍照的摄影师

大雄

美食专栏作家
知名美食博主

Nicole： 在所有的西点种类中，我最喜欢做的就是面包，面团对我来说仿佛具有魔力，心情好的时候、不好的时候，都喜欢揉个面团，看着面粉一步步变成胖嘟嘟的面包，这神奇的过程让我着迷。我平均每周做两三次面包，每次做的量不大，时常变换花样，所以一周里总会有三四天的清晨以面包做主食，搭配沙拉和适量蔬果，一顿营养均衡的健康早餐就有了。

大雄： 女儿极爱面包，但我总觉得自己做才最放心，所以每一两周就会在家换着花样做些给她吃。我觉得，面包好吃的秘诀，或许就是用上好的材料。作为典型的北京人，最喜欢的早餐是经典的豆浆油条，但随着对健康的重视，现在一周中的早餐，有三四次会出现全麦面包的身影。搭配豆浆或牛奶，营养均衡，倒是让味蕾休憩的好选择。

Nicole： 好难说最喜欢哪一类面包，因为我总是喜欢尝试各种花样，无论材料、馅料还是造型的变化都会带给我惊喜。如果一定要选，我更偏爱适当加入粗粮的健康类面包，虽然口感也会粗一些，但我独爱那种质朴的味道。我心中的好面包，首先要保证原材料安全健康，这样才能让自己和家人吃得放心，我想这也是我们自己动手做面包的目的和初衷。

大雄： 我口味偏重，喜咸不喜甜。钟爱蒜香餐包、法棍、肉松面包，丹麦面包是特例，可能是因为层层油大，像极了稻香村的起酥。平时很难将面包当成佐以其他配餐一起吃的主食，更愿意把它当成一个独立的个体看待。好的面包要有鲜明的风格，或咸或甜，具有口感，让人味蕾得到满足的同时，记住这种面包。至于外观，倒不是很重要。

Nicole： 我记得最开始自己尝试做面包的时候，热情满满，但对材料特性和制作原理了解得并不透彻，为了把面团揉出膜，常常一揉就是一个多小时。那时候住的房子里没空调，大夏天一个人闷在屋子里揉面团，真是汗流浃背，每次做面包都像洗个澡一样。即便如此，自己还是很兴奋，看到面包出炉的那一刻，会将所有的辛苦全部忘记。

大雄： 记得有一次刚搬新家，买电器时送了台面包机，我一时兴起试试机器。手边材料不齐，就用朋友送的自榨花生油做了一次吐司。结果满屋飘着花生油香，面包一咬全是花生油味，谈不上好吃，但是挺好玩，被亲戚朋友笑话了很久。

interview

Andrew Connole

美的事物，总是要花时间的

△ 王蕊 | interview & text
△ Sonoma | photo

Sonoma 面包店有着全澳洲最好的手工酵母面包，但无论是面包店的诞生，还是创始人 Connole 一家的烘焙之路，都可以用"疯狂、意外却又在情理之中"来形容。

Sonoma 是 Connole 家族经营的面包店，Andrew Connole 是家中长子，也是如今 Sonoma 的主要经营者。从一间小小面包房，到今天这一已经注册公司、每周销售 40,000 个面包、全澳洲无人不知的一流面包店，Sonoma 的成长是 Andrew 完全不曾料想，甚至也不曾期待的，因为，开这样一间面包房，原本只是他父亲的梦想。

Sonoma 专注于手工酵母面包制作的同时，提供咖啡、啤酒、点心与牛奶什锦早餐。所有食材均经过精心挑选，新鲜自然。

Andrew Connole（安德鲁·康诺利）：

- 澳大利亚
— 澳洲面包店 Sonoma 创始人之一

Andrew Connole ｜ 美的事物，总是要花时间的

<table>
<tr><td>1</td><td rowspan="3">4</td></tr>
<tr><td>2</td></tr>
<tr><td>3</td></tr>
</table>

1. Sonoma 招牌面包 Miche。其外壳涂有深色焦糖，内里耐嚼，拥有独特的烟熏味道。

2. Sonoma 已成为澳洲口碑最好的面包店之一，吸引了大量顾客。

3. Sonoma 的每一块面包也饱含了面包师的激情、灵魂、勤奋和热爱。

4. 醒发中的面团。

小男孩的面包房之梦

故事的开始要追溯到 1940 年。一个名为 Kerry Connole（凯利·康诺利）的小男孩，每次去拜访位于澳大利亚贝拉塔（Bellata）的祖父时，都会跑到隔壁的 24sqm 面包房待上一天。清晨时分，面包房的面包师 Jim Hodder（吉姆·霍德）会在火炉中烘烤新鲜喷香的面包，出炉后他总会分给 Kerry 一些。这个小男孩，就是 Andrew Connole 的父亲。

"那时的父亲，最喜欢做的事就是边看日出，边吃出炉不久的面包。"Andrew Connoie 说。

57 年后，1997 年，童年时的美好记忆重新开启，完全没有接触过烘焙的 Kerry 突然做了一个疯狂的决定——以每年 1000 美元的价格，租下贝拉塔这家老旧的面包房。"不仅是父亲（Kerry），我和 Christian（克里斯蒂安，Andrew 的弟弟）都没有任何烘焙经验，我们住的地方距离面包房足足有 540 公里。父亲的这个做法，只能用'疯狂'来形容。"Andrew 说，"但租下面包房后我们已别无选择，因为已经没有多少钱去维持生活，做面包是唯一出路。"

最重要的三个人

人的一生，在某些特定阶段总会遇到意义重大的人，对 Andrew 而言，父亲 Kerry Connole、木火烤箱大师 Alan Scott（艾伦·斯科特）与天然酵母大师

1. 位于新南威尔士州（NSW）贝拉塔 The Busy Bee 商店内的面包房，是 Kerry 常常待上一天的地方。

2. 24sqm 面包店给 Kerry Connole 的童年留下了美好的记忆，多年后，他回到了这里，开始面包之路。

Chad Robertson（查德·罗伯逊），便是他生命中最重要的三个人。

因为父亲突如其来的决定，Andrew 的人生轨迹才开始转向面包烘焙。1998 年，Andrew 前往美国，决心去旧金山修习天然酵母的艺术。在父亲的介绍下，他与木火烤箱大师 Alan Scott 相遇。"是 Alan 鼓励我学习烘焙知识，在美国的旧金山，我第一次见到木火烤箱，就迷上了它，并决定以后要在澳大利亚也建造一个这样的烤箱。"在这里，Andrew 还被北加州风格的天然酵母面包激发了灵感。

Andrew 在美国的下一站，是去加利福尼亚州拜访天然酵母大师 Chad Robertson。"他做的天然酵母面包是我吃过最好吃的。而且他毫不藏私地与我分享所有关于面包发酵的艺术，因此，我才真正爱上了手工制作天然酵母面包。"Andrew 兴奋地回忆道。

◇◇
任何事物，来之不易
◇◇

跟随 Chad 学习的日子里，Andrew 不停地拍照、记笔记、提问题，到了他要回国的那一天，他的脑袋里满是新点子，行李箱里塞满笔记，还有一罐非常非常珍贵的、Chad 送给他的天然酵母。

虽是学成而归，但最初的两年里，Connole 一家的日子并不好过。由于面包店的特殊位置，每个周四，Andrew 与 Christian 都不得不长途跋涉，从他们居住的特里格尔（Terrigal）出发，开车前往 540 公里外的贝拉塔的面包房。在那里，兄弟两人要在一天多的时间里，烘焙出约 300 个天然酵母面包，仅仅休息不到两小时后，便要再度启程，在周五晚上载着满满一车刚烤好的面包开回特里格尔。这样，周六时父亲 Kerry 就能在帕丁顿（Paddington）市场上出售新鲜的面包。

艰苦的日子持续了两年之久，但 Andrew 说，父子三人从未想过放弃。"对面包的热情、要做好的决心支持着我们，更加现实的是，我们以此为生。尽管日子艰苦，但我知道，生命中任何事情皆来之不易。"

经历过艰辛，好事才会降临。2000 年，大量的面包需求让 Connole 一家决定搬到悉尼。2000 年 5 月，他们关闭了贝拉塔的面包房。而烤炉大师 Alan Scott 也从旧金山飞到悉尼，亲自帮助 Andrew 建立了澳大利亚第一个木火烤炉。2001 年 3 月，他们在悉尼的新店 Sonoma，卖出了第一个天然酵母面包。

木火烤炉是一种操作方式十分传统的烤炉，现在已经越来越难找到能够熟练操作这种烤炉的面包师，并且因为每天的面包需求过多，适合小批量制作的木火烤炉已经不能满足供应，Sonoma 渐渐地也不再使用木火烤炉。但 Andrew 说："尽管如此，我依旧热爱木火烤炉。它本身就是艺术，使用它烘焙是件很酷的事。"

1 | 3
2 |

1. 每一块发酵中的面团。

2. Sonoma 每一块面包均仅由有机面粉、过滤水、野生酵母和海盐制成。

3. Connole 一家在贝拉塔标志牌下的合影。

美好需要时间

虽然，快速酵母能让面包更快地发酵，但追求口感与原始风味的 Sonoma 始终使用天然酵母。Andrew认为，除了口感与风味，天然酵母发酵的面包，要更美一些，而创造美好的事物总是要花时间的。

为了让有机面粉、水、天然酵母充分地自然发酵，18年来，Sonoma的每一个手工酵母面包均需发酵共计 36小时。Andrew说："烘焙中，最吸引我的便是面团缓慢发酵的过程。将顶级有机面粉、水和天然酵母揉成面团，然后进行发酵，你可以看着它一点点膨胀变大，所有原料最终完美合一。那种感觉太棒了。"

如今，最令 Andrew骄傲的事，就是他们仍在坚持手工制作天然酵母面包。一年年过去，Sonoma一直未向时间或环境妥协，烘焙师们始终保持着极大的热情，制作美丽的酵母面包。

Andrew说："我不会忘记，Sonoma是从何等卑微的境遇开始，经过多么艰难的过程，才成为今天这家备受欢迎与尊重的面包店的。保证面包的品质必须是我们的首要准则，未来也将一直是。"

interview

Andrew Connole | 美的事物，总是要花时间的

Sourdough Starter

—

酸面团酵种

—

Sourdough Starter

〜〜〜〜〜〜〜〜〜〜〜〜〜〜〜〜〜〜〜〜〜〜〜〜〜〜〜〜〜

🕐 *7 DAYS*　　　🍴 *FEED* ☺

〜〜〜〜〜〜〜〜〜〜〜〜〜〜〜〜〜〜〜〜〜〜〜〜〜〜〜〜〜

食材
.

有机面粉或新
鲜小麦粉
过滤水

做法
.

DAY [1]
将 90 克面粉和 100 毫升水混合，搅拌均匀，确保没有干粉、面块。覆毛巾，在阴凉干燥处放置 24 小时。
注：揉面时切忌过度混合或用力揉面。最佳的室内温度为 18~22℃。

DAY [2]
加入 90 克面粉、100 毫升水，混合搅拌均匀。在阴凉干燥处放置 24 小时。

DAY [3]
加入 90 克面粉、100 毫升水，混合搅拌均匀。在阴凉干燥处放置 12 小时。
12 小时后，分离出 200 克面团（丢弃其余）。加入 100 克面粉和 100 毫升水，揉至没有干粉、面块。覆毛巾，放置 12 小时。

DAY [4] [5] [6]
早晨：分离出 250 克面团（丢弃其余），加入 90 克面粉和 100 毫升水，混合，放置 8 小时。
下午（8 小时发酵后）：添加 90 克面粉和 100 毫升水，混合，放置。

DAY [7]
清晨分离出 74 克面团（其余保留，继续喂养），添加 94 克水和 77 克面粉，搅拌均匀，覆毛巾，放置发酵 8 小时，制成用于制作后页乡村面包的 245 克酵种。

Country White

酸面团乡村面包

—

Country White

◷ *6H15MIN*　🍴 *FEED 8*

食材

·

有机白面粉 / 815 克

过滤水 / 530 毫升

酸面团酵种 / 245 克

海盐 / 20 克

做法

·

STEP [1]

混合面粉、水、酸味酵头，揉匀，盖盖放置 20 分钟。

STEP [2]

加入海盐，揉匀。

STEP [3]

使用"摔折法"（slap and fold，将面团摔打在工作台上，折叠面团，重复以上步骤。）揉面 5 分钟后放置 10 分钟。

STEP [4]

使用"摔折法"揉面团 5~7 分钟，直到面团光滑。

STEP [5]

面团盖毛巾，置于温暖处 (22~26℃最佳) 发酵，约两小时。

STEP [6]

面团分为约 800 克的两份，使用"压折法"（stretch and fold）塑为圆形，盖毛巾置温暖处发酵，约 2.5~3 小时。

STEP [7]

烤箱 220℃预热，同时放入铸铁锅、锅盖预热。锅热后，在面团顶部轻轻割包，放入锅内，盖盖烤 10 分钟，去盖后，烤 20 分钟即可。另一块面团重复此步骤。

宗像誉支夫 ｜ 在黑夜中，日复一日地唤醒石窑

○

宗像誉支夫

在黑夜中，日复一日地唤醒石窑

△ Agnes_Huan 歡 / interview & text　　△ 陈晗 / edit　　△ 宗像誉支夫 / photo courtesy

柴火的噼啪声，在黑夜中，日复一日响起，唤醒石窑。

树木通过薪柴的火焰，将生命传递给了石窑。

温暖石窑是它们的宿命。

完成宿命的薪柴，变成炙热的火焰，令石窑渐渐温暖。

这悠悠燃烧的火苗，给石窑积蓄了充足的生命力。

踌躇满志的石窑，蓄势待发。

终于迎来发酵完成的面团，并将它们推向成熟的巅峰。

今日强劲的风儿，应可以助我（石窑）一臂之力。

石窑的生命力，传递给了面团。

面团便脱胎换骨，获得新生。

面包们就此诞生，静静地陪伴着人们的生活。

（人们）把面包送进嘴里，脸上就露出笑容，充满喜乐。

制作面包的人，售卖面包的人，品尝面包的人。

大家的幸福，在不知不觉中传递开来。

像这样，建立起人与人之间纽带的工作，是最重要的。

在幸福的餐桌上的宗像堂面包，成为了人与人之间连接的桥梁。

宗像堂门前墙壁上是日本设计师皆川明手绘的 logo。

宗像誉支夫：

📍 日本

— 原本于琉球大学研究生院进行微生物研究，后与身为冲绳音乐人经理的 MIKA 相识并结婚。2003 年创立"宗像堂"面包坊，主营石窑天然酵母面包。

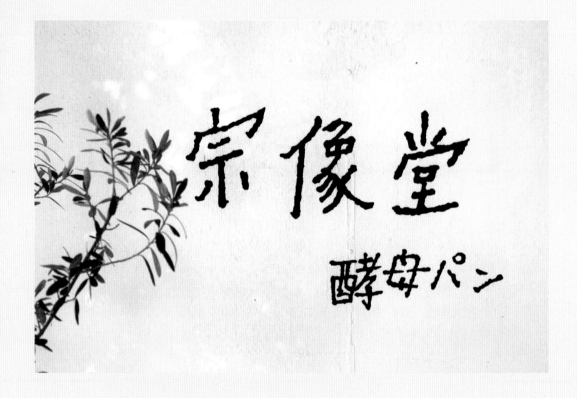

interview

宗像誉支夫 | 在黑夜中，日复一日地烧起石窑

这段话出自宗像堂创始人宗像誉支夫先生之笔。他将这段颇似散文诗的文字，作为宗像堂的简介。其实感觉这更像他的个人面包宣言。

这家安静矗立于冲绳岛的面包坊，成立于 2002年，颇具特色的石窑和用天然酵母制作的面包，令他们在当地以至日本全国都颇具人气。但这家面包坊的创始人宗像誉支夫与妻子 MIKA，都不是"科班"出身的面包师。宗像曾经专攻的其实是微生物领域，后来因身体原因，辞去工作，之后师从一位陶艺家，开始学习制陶。三年后又因得了哮喘，再次辞去陶艺工作。2000年，他遇见了一个改变了他整个人生的人——一位制作天然酵母面包的僧侣。

他和这位来自奈良的僧侣相处了仅短短一天，这一天，他在僧侣的指导下第一次自己烤面包，味道还不错。当时的宗像正处在非常迷茫的时期，辞去陶艺工作后，他不知道自己该做些什么，而刚出生的宝宝，令他不得不认真考虑生计问题。当天那位僧侣对他说："不如就做面包吧。"宗像心动了。

宗像说："我发现，生命中每个时刻发生的每一件事，都有它的道理。"比如说微生物研究和陶艺制作的经历，仔细一想，似乎都在为他走上面包之路做铺垫。微生物知识令他深入了解酵母，与陶土打交道的日子又让他具备了很好的手作能力。而正当他忧愁前路迷茫之时，就遇上这位由朋友带来的奈良僧侣，完全在意料之外。

"刚决定要做面包时，我们只买了一台家用烤箱和一个发酵篮。当时每天就在小小的家中制作面包，做好了就亲自送到附近的咖啡店和按摩店出售。日子一天天过去，一个发酵篮开始不够用了，一个一个地增添起来。上门的订单越来越多，小房间已经不够施展了，就出去租下了今天这家店面。"宗像告诉我们。

1. 宗像堂的花园里，夫妻俩安置
   了两个秋千。

2. 已经历过四次改造的"第五代"
   石窑，是宗像一边看着石窑专
   家须藤章的书，一边和须藤章
   本人共同搭建的。

现在的宗像堂，前身是曾经的在日美军家属公寓，房子四壁雪白，四角齐整，造型简洁，周围树木掩映，是很理想的面包坊地点，宗像夫妇也直接在此居住。前廊后窑，后面是宗像和日本的石窑专家须藤章一起建造的石窑。整个空间的设计，由日本设计师丰岛秀树操刀，宗像和丰岛理念一致，都希望尽量利用本地原有素材，比如将老旧的招牌板改为吧台，将廊前的旧地板改为桌子等。门前墙壁上手绘的宗像堂 logo（标识），是宗像的设计师友人皆川明绘制的。"和这些优秀且理念相通的人，一起做点什么的感觉真的很好，感觉彼此的能量会互相传递。"宗像说。

在僧侣的启蒙和影响下，宗像夫妻从一开始就只做天然酵母面包。如今，他们培养的"天然酵母"已经接近 16 岁。店里的石窑，也已经过四度改造，现在可以说是"第五代"石窑了。宗像用这座石窑烤制面包时，从不使用温度计。他坚持用全部的感官去感知。"我们想用最接近先人的古老方式去做事。在没有电力与各种仪器的时代，他们是怎样在黑暗中、石窑边，用感官与经验去烧制面包的呢？"对古老的操作方式愈是探寻，宗像愈是发现，一切事物都有些原始的共通的"道理"。那道理无法言说，只有去感觉，关上电灯，关上电子设备，在黑暗中与炉火边，宗像感到自己捕捉到了那个道理。

1. 出炉的面包，安静地陈列在一起，等待着客人的到来。

2. 柴火在石窑中不停地燃烧着。

3. 面团被送进石窑前，要对发酵整形完成的面团进行最后的花纹切割。

4. 正在搅拌中的面团。

5. 新鲜出炉的面包。

interview

宗像誉支夫 | 在黑夜中 日复一日地唤醒石磨

食帖：宗像堂选用怎样的原料？

宗像誉支夫（以下简称"宗像"）：除了黑麦粉以外，我们使用的都是日本产小麦粉，且都是石磨小麦粉。其中的一部分是冲绳伊江岛的小麦。有新麦，也有古老的小麦品种。我们从这些小麦中，挑选有特色的使用。

不过，去年（2015年）秋天在朋友的田里，我们一起播下了小麦的种子。店里的工作人员也一并参与了耕种。接着就是等待小麦的成熟和收获季节了。播种的这些小麦预计会在今年春天成熟。顺利的话，我们将使用这批自己播种的小麦，自己磨面粉来制作面包。

关于原材料的选用，是经过认真思考后，选择能够满足人们需求的。我认为缘分很重要。所以会与不期而遇的人合作，选用不经意间遇见的原材料。比如我们 13年前开始接触的来自山田产地的无农药米，每一年都被它所带来的不断进步的美味所感动。而我们制作面包产品的原点也是如此，通过美味带给人们一些感动。

◇◇

食帖：对宗像堂的面包，你最自豪的一点是？

宗像：应该就是"天然"二字吧。我们使用的是自制天然酵母，这个酵母的年纪已经 16岁了。我们将苹果、胡萝卜、山药、米混合在一起，制作成天然酵母的酵头，并且持续喂养，一直用它来发酵面包面团。而发酵的形式，也根据制作面包的种类不同而有所区别，比如我们的法式长棍是使用低温长时间发酵 形式制作的。

另外，使用传统的木火石窑也是一点。石窑烤制，能令面包口感更加淳朴自然，还原面包最本真的味道。我会时常对石窑进行一些改造，根据现实的需要。随着石窑构造逐步改变，逐渐可以减少木柴的使用，并且拥有更加稳定的温度。

在地震灾害之后，我们所使用的水也是经过特殊处理的。我们使用一种特殊的净化器，能够模拟雨水

1. 刚烤好的面包不会马上上架，彻底冷却后风味才更美妙。

2. 宗像堂店内一角，店员们正在忙碌着。

经过山川河流这一自然净化过程，如同使用山泉水一样，还原水本来的力量。

◇◇

食帖：在你看来，做出理想面包不可或缺的元素是什么？

宗像：原创性和独特性很重要。（当然，使用天然健康的原材料是基础。）

但我们认为最重要的东西，是面包所带着的能量。我们希望与宗像堂有关的所有的人和事，都能够拥有幸福，并将这样的愿望持续注入我们亲手做的面包当中。

◇◇

食帖：未来的愿望和目标是？

宗像：希望不久的将来，我所使用的原材料，全部由我或者友人亲自生产。如果大家认识很棒的农家的话，请千万要介绍给我哦。

Ben MacKinnon

因热爱而生，因热爱而聚集

△ 王蕊 | interview & text
△ E5 BakeHouse | photo

一个人如果能在而立之年辞去稳定的工作，去寻找个人的追求，尝试从未做过的事情并坚持，那一定是因为热爱。

曾经，Ben MacKinnon有着一份听起来非常不错的工作——可持续发展咨询师。但在 2009年，因有些厌倦了单调的咨询工作，29岁的他递交了辞呈。"我想做一些与众不同的事情。辞职后，我度过了一个十分完美的夏天，亲手造了一艘船，遗憾的是，最终它却没有驶向哪里。"

Ben对可持续发展有着浓厚的兴趣，他一直想以可持续发展的方式做一些让世界更酷的事。但和大多数人一样，他对自己真正想做的事情感到迷茫。夏天过去后，Ben开始了旅行，希望在旅行中找到自我。在西班牙住所的短暂休息中，Ben用家中的全麦面粉、酵母、水、盐做了一个面包。他突然意识到，虽然食材简单，却能做出面包这种有着无限可能的食物。

1. 烘焙师正在割包。

2. E5 BakeHouse 的经典面包 Hackney Wild 割包后。Hackney Wild 是 E5 BakeHouse 最受欢迎的面包，需要三天时间做好，且有着超长的保质期。

3. 烘焙师正将面包放入烤箱。曾经 E5 BakeHouse 使用燃木石窑烘焙面包，但因英国对市区建筑的限制，目前已更换为电炉。Ben 说："希望未来某一天能够再次用上燃木石窑。"

4. E5 BakeHouse 的面包都基于传统技术制作，并选取当地生产的有机面粉，使用天然酵母发酵。

5. E5 BakeHouse 的每一个面包，均是烘焙师付出的爱与时间的结晶。

Ben MacKinnon（本·麦金农）：

📍 东伦敦，英国

— BakeHouse（E5 面包店）创始人。

1	2
3	
4	5

"我想做些让世界更酷的事情"

"做面包可以充分发挥我的创意，使用自己种植的小麦所制成的面粉，也是一种自给自足的生活方式，这不是很酷吗？" Ben 说。随后，他向父亲表达了想当烘焙师的想法，本以为父亲会笑话自己，没想到，父亲非常支持，第二天就发给他一个英国烘焙学校的报名链接，但因想法只是刚刚萌芽，Ben 暂时将其放在了一边，继续他的旅行。

在摩洛哥，Ben 打定主意了。途经一家面包坊时，Ben 受到主人的热情邀请，走入这家小面包坊中，他发现室内安置着一个巨大的燃木石窑，新鲜的面包不断地出炉。旁边，两个面包坊伙计正为和面成形、分割面团忙碌着。"当时的那种感觉非常棒，而且我意识到，面包坊可以让我实现无限创意，并进行生态可持续发展。"

1. 烘焙师将面包从炉中取出。

2. E5 BakeHouse 也提供咖啡与早餐、午餐。根据时令、可用材料与厨师的心情，每日的菜单都会有所不同。

3. 喜爱这些酸面团面包的顾客，从小孩、青年、中年到老人全部都有。

4. 烘焙师将辅料涂抹于面粉上。

	2
1	3
	4

粗糙的原始味道

回到英国学习烘焙已是 2010 年，在为期一周的与面包亲密接触的课程中，Ben 真正地爱上了做面包。课程结束后，他每周至少要做一次面包，然后抱着面包上门推销给附近的住户，并问他们是否愿意长期订购。很快地，Ben 有了最初的 20 个固定客户。"在推销时，我观察到一个有趣的事情，那些信箱中没有堆积信件的家庭，往往更愿意订购我做的面包。"Ben 笑着说道，"后来我就按着这个规律推销面包。"

2011 年，Ben 创建了 E5 BakeHouse。砖砌的粗犷外表、买来的二手推拉门、古旧彩色玻璃、全木质的地板、从隔壁焊工扔掉的材料中捡来的大小物件、首次出现在英国的燃木石窑（因英国市区限制使用，目前已换为可再生能源电炉）、运送面包的人力自行车……E5 BakeHouse 中的一切都带着粗糙原始的质感，却又散发着近人的亲切气息，而它们大多都是 Ben 亲手制作的。

除去店中的大小物件，Ben 同样将可持续发展的理念应用到面包中。选用英国当地农民种植的小麦，制作天然有机的面粉，用酸面团酵种进行发酵，一切都透出原始、自然的味道。使用酸面团发酵，令 E5 BakeHouse 的面包带有独特的风味，口感更松软，营养更丰富，更易吸收消化，同时，保质期也更长。

E5 BakeHouse 最受欢迎的面包 Hackney Wild，仅由最基础的全麦粉、黑麦粉、酸面团酵种与盐制成，它的出现完全是个意外——当 Ben 按照一个常规配方做面包时，误加了过量的全麦粉与黑麦粉。因使用酸面团发酵，发酵时间本就比普通面包长，Ben 的失误导致面包耗费了长达三天的时间发酵。但烘烤之后，他得到了意外的惊喜：一个与其他面包都不同的，有着美妙、野性、深棕色酥脆外壳的面包，Ben 叫它 Hackney Wild。

1		6
2	3	4	7
5		8

1. 在可持续发展的理念下，E5 BakeHouse 一直使用人力自行车为当地用户运送面包。

2. 每位烘焙师都会在烘焙中密切关注面团的发酵情况、温度与湿度。

3. 除了夏巴塔、佛卡夏和法式长棍面包，E5 BakeHouse 所有的面团均使用天然酵母发酵的酸面团。

4. Ben 正在 E5 店外休息。

5. 每日清晨，E5 BakeHouse 门外都有很多排队的顾客。

6. 两位顾客在店中相谈甚欢。Ben 说："是音乐、烘焙师与顾客成就了 E5 BakeHouse 轻松愉快的氛围。我们的顾客也认同可持续发展的理念。"

7. 店内顾客。

8. E5 BakeHouse 店外一角。

一切源于热爱

似乎很少有面包店会招收完全没有烘焙经历的人，但在 E5 BakeHouse，所有人在来到 E5 BakeHouse 之前都没有任何烘焙经验。拥有耶路撒冷希伯来大学神经博士学位的计算语言学家，来自广告公司的创意总监，研究哲学的博士……E5 BakeHouse 汇聚了来自各行各业的人，但他们有着一个共同点，那就是对可持续发展理念的认同，对手工天然酵母面包的极大热爱。因为热爱，他们放弃了曾经的职业，选择了每周至少有一两天要在凌晨三点起床准备面包的烘焙师工作。Ben 说："当看到顾客吃着自己亲手做的面包时，就会感到巨大的满足与自豪感。"

短短四年，E5 BakeHouse 已成为英国最好的手工天然酵母面包店。Ben 说："因为喜欢做面包，所以我在这里。在 E5 Bakehouse，我最喜欢的便是清晨时分，当太阳升起，店门打开，门外等候许久的第一批顾客蜂拥而入购买面包的时刻。我们在轻松愉悦的音乐中工作，我们有新鲜出炉的面包，还有认同我们的理念、喜爱我们的面包的顾客，还有什么比这更美好呢？"

○

Josey Baker

言之命至，生来就是烘焙师

△ 路遥｜interview & text
△ Josey Baker｜Photo

Baker 是 Josey 的姓，也是他的职业。言之命至的魅力就是如此，但在烤出自己的第一个面包之前，Josey 从来没有想过自己会成为一个面包师。沿着旧金山 Divisadero（迪维萨德罗）街道往前行驶，就可以看到 The Mill，这里是 Josey 和朋友合开的店，Four Barrel Coffee（富尔·巴雷尔咖啡）售卖咖啡，Josey Baker Bread 售卖面包。每天早晨 7 点开始营业，晚上 9 点关门休业，周周如此，运营无休。直到圣诞、新年的年终假期到来，The Mill 才会闭门休整。

你可以挑一个晴好的日子，来 The Mill 买几个全麦面包回家做 Brunch（早午餐）。打开 The Mill 的门，迎面而来的是空气里氤氲着的浓郁的咖啡香气，夹杂着刚出炉面包的酵母味。左手边的墙架上整齐地摆放着咖啡壶、咖啡杯，客人们闲聊或握着手机浏览新闻，手边是冒着热气的咖啡和面包，洁白的小圆桌被擦得干干净净，靠门的位置还可以晒太阳。面前完全开放式的柜台背后是面包架，上面码放着一个个热气腾腾的全麦面包。在认真工作的员工中间，穿着牛仔短裤、笑容洋溢的那个人一定就是 Josey。

"上班族的面包"（Workingman's Bread）全貌。

Josey Baker（乔西·贝克）：

旧金山，美国

— 面包烘焙师，旧金山面包店 Josey
Baker Bread（乔西·贝克面包）创始人。
纽约出生，佛蒙特州长大，于 10 年前搬
至旧金山，著有《乔西·贝克的 54 道面
包食谱书》（Josey Baker Bread: 54
Recipes）。

The Mill 的魅力不仅仅是一间咖啡馆和面包店这么简单，如它的名字 "The Mill" 一样，它还是一间货真价实的磨坊。谷物从石磨顶部放入，通过两个旋转的磨石碾磨成粉，最终从底部落出。新鲜的全麦面粉和天然酵母结合，制成香喷喷的全麦面包，这整个美妙的过程在 The Mill 每天都在发生着。无须漫长的运送和等待，一切都是最新鲜的状态。

在 The Mill，你不仅能吃到新鲜的面包，还能看到面包出炉的全过程，因为这里完全是开放式的。没有传统面包店的玻璃窗，顾客和 Josey 之间完全没有距离感。他也会经常在店里走来走去，和客人攀谈几句，无论你是不是常客，他总是会以几句玩笑作为开场白。在 The Mill 绝对不会出现 "今天的天气怎么样" 这样老套的对白，在你离开 The Mill 之前，你一定已经成了 Josey 的好朋友。

这个性格外向的大男孩，从内而外都散发着阳光、向往自由的脾性。你会发现和客人交朋友是他最快乐的事情，因为他一点也不想一个人孤独地在面包坊里流着汗，"在封闭的空间里做出的面包，都显得非常的孤独"。Josey 最喜欢的就是待在人群中，他会邀请你和他一起去蹦极、远足，或者是野餐。在他的 Blog（博客）里你就能看到他和朋友一起拍的搞怪照片，他喜欢与顾客直接交流，你可以和他分享你对于面包的想法，或是你生活里的一些小故事，他都非常乐意倾听，并给出最独特的反馈。

乐天派的 Josey 曾经其实是一位教师，主要工作是给孩子们教授科学。他想做面包师的原因，听上去也非常符合他的个性——因为他做出的第一个面包太好吃了。在 2010 年年初，朋友送给 Josey 一些酵母，Josey 依照很简单的方法，烤出了自己的第一个面包。如果不是这个面包，他从没想过自己会踏上烘焙之路。面团发酵时的变化、面包出炉时的香气、等待面包诞生的过程，这一切都让他觉得兴奋，感觉像是变魔术一样神奇。他也从来没有想过，他会将这个 "魔术" 一直继续下去。在烤出一些面包之后，他将自己的厨房变成了实验室，开始试用各种全新的方法来烤制面包。或许这就是一个教科学的老师的优点，总是喜欢创新，而创新就有可能带来惊喜。

"我做出的面包太好吃了，" 每次说到这里，Josey 就会习惯性地大笑，"从我爱上烘焙开始，我就知道自己停不下来了。我爱这个过程，所以不断地烤了很多面包。最初，我将过多的面包送给我的朋友们，他们很喜欢，然后有趣的事情发生了，当我暂停做面包时，他们会主动付钱来请我继续做面包，逐渐地，不只是朋友，开始有陌生人来买我的面包，我知道，我需要租一个工作间了。当时，每天我一个人差不多要做 150 个面包。"

1. Josey 拿出刚烤好的面包，温度极高，需要戴隔热手套。

2. Josey 在烤硬质全麦面包之前，先在面团表面撒上一层生面粉。

3. 闲暇时间，Josey 喜欢通过阅读来扩充自己的面包知识。

4. Josey 自己也出书，他的第一本书叫《乔西·贝克的 54 道面包食谱书》（*Josey Baker Bread: 54 recipes*）。

1	3
2	4

Josey 非常喜欢吃新鲜的面包。"只要是粗粮的面包都非常有嚼劲，我喜欢有嚼劲的面包。"他喜欢用自己烤的全麦面包，或是全麦面粉、芝麻粉、葵花粉、亚麻粉和玉米粉混合而成的粗粮面包，搭配一碗燕麦粥以及新鲜的苹果块。"简直是顶级美味！"Josey 说。

他评判好面包的标准是去品尝面包的味道，"无论面包的外表如何，它的口味会决定它是否是一个好面包。我很喜欢自己烤的黑面包，但这种面包很难控制，如果处理不当，面包含水量过低，会变得很干。我也喜欢全麦面包，我做的面包里至少有一半是粗粮面包，因为个人偏好粗粮面包的嚼劲。我认为一个好面包的口味应该源于面包本身，而不是额外的配料和添加物。但这并不意味着我不喜欢奶酪面包（笑）"。

Josey 的面包外表并不精致，甚至可以说非常质朴，但却异常美味。这都得益于现磨的新鲜全麦面粉和天然酵母。"我用的是天然的酸面团酵种。它可以做出好吃且营养丰富的面包。要做出天然酵母其实比较难，还会增加面包制作时间，但谁不想体验更有趣的过程呢？制作天然酵母的过程充满了未知性，做面包可不是一件无聊的事情。你总会明白额外的努力是值得的，美味绝伦的面包就是回报。"

Josey 的上午：
清晨 5 点起床，做一杯咖啡，再静心冥想打坐。喝咖啡的同时，读一本好书。
5：30 刷牙、洗澡、穿着整齐。
6：20 走出家门，步行至面包店。收拾工作台，准备材料。
6：45 开始一直烤面包。
11：15 左右休息。

这就是 Josey 的上午时光，忙碌而有条理。Josey 从来都不会耽误客人吃到热腾腾的面包，一周七天，除了节假日照例休息外，每天如此。

1 | 2

1. Josey 正在为面包整形。

2. "肉桂吐司"（Cinnamon Toast），搭配咖啡就是完美的下午茶。

1. "上班族的面包"（Workingman's Bread）切片。
2. "加利福尼亚传家宝"（California Heirloom）的切片内部。
3. "单粒小麦"（Einkorn）。

$$\frac{1}{\ \ 2\ |\ 3\ }$$

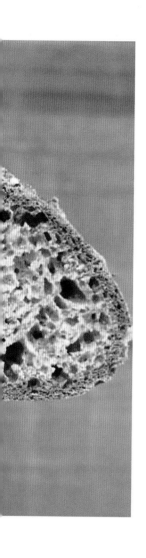

现在 Josey 的面包店每天要做大概 400 个面包，他也写了一本食谱《乔西·贝克的 54 道面包食谱书》，同时经营着 The Mill，完全由自己来生产新鲜碾磨的全麦面粉。因为全麦面粉与普通的面粉不同，它的保质期更短，更要保证面粉的新鲜程度，所以 Josey 在这方面投入了非常多的精力与想法。"烤面包的过程中每一步都很重要，如果其中任何一步没有做好，成品面包都会受到影响。健康的酸面团酵种是基本，新鲜的全麦面粉也是关键。保持面团的湿度、确保发酵的程度、揉面时均匀使力、处理面团的手法、醒发面团的时间、焙烤的时间和火候，每一点都必不可少。"

Josey 之所以产生"开办自己的磨坊"这一想法，完全得益于他的人生导师 Dave Miller（戴夫·米勒），以及 Dave 的面包坊 Bread Wizard（巫师面包）。在那里，Josey 了解到全麦面包的酵母，以及如何使用低温磨出全麦面粉，以减少营养流失。"我第一次遇到 Dave 时，是我第一次接触全麦面包的酵母，之后我便开始用新鲜碾磨的全麦面粉去发酵。" Josey 一直在思考如何让面包变得更有营养。使用粗粮是第一步，同时使用天然的酵母，更有助于保证面包的健康与营养。使用新鲜碾磨的全麦面粉，加上天然酵母做出的面包更容易消化。这其中的科学奥秘，并不是科学家 Josey 的独门秘方，而是源于 Josey 与 Dave 的相遇。

Josey 称 Dave 是真正在演"独角戏"，因为 Dave 使用自己生产的面粉，自己烤制面包，并在农贸市场售卖。在筹备面包店的早期，Josey 经常去 Bread Wizard，他对 Dave 制作的面包和做面包的方式肃然起敬。Dave 就是 Josey 的面包导师，在面对从来没有去过烘焙学校，也从未在一家面包店里工作过，甚至都没有接受过任何专业培训的 Josey，Dave 慷慨地让出他的面包坊，毫无保留地教 Josey 磨面粉、做面包，并允许 Josey 将做好的面包带回旧金山研究。

除了 Dave 的无私帮助外，Josey 一直都没有停止努力。他曾在加州大学伯克利分校学习了五年，2011 年辞去工作后，完全是烘焙门外汉的他，通过不断地试错、阅读书籍、与人交谈，最终掌握了烘焙面包的技术。他对烘焙全麦面包的酵母非常感兴趣，开始试制法式酵母。天然的酵母会给面包带来无可比拟的味道，所以他反复试验，不厌其烦地坚持使用天然酵母。"买来的酵母容易使用，但却缺乏创意与惊喜，做出的面包也显得无聊、乏味。"这是搞怪的 Josey 最不能容忍的地方，他完全不能接受自己做的面包变得无聊。

"我不会停止烘焙"，Josey 已然深爱于此，他认为做面包是世界上最有趣的事情。从 The Mill 出来，手里拎着实验派科学家 Josey 的全麦面包，走在旧金山的街道上时，你的嘴角一定是上扬的，心里一定会盘算着下一次来店的时间，因为，谁会拒绝一位名叫"Baker"的 Baker 呢？

○

林育玮

做面包
是一场不能停歇的修行

△ 路遥 | interview & text　　△ 王姝一 | photo courtesy
△ 原麦山丘 | 特别协力

北京冬天晴朗的清晨，寒风凛冽。

天还未大亮，而城市早已经苏醒，面包店里灯火通明，进进出出的顾客脚步匆忙。货架上整整齐齐地摆放着新鲜的面包，空气里弥漫着咖啡香气，林主厨轻轻地从工作间走出，他的一天早已开始。

一身干净整洁的白制服、修剪得整齐利落的短发与指甲、文雅精致的金属框眼镜，林主厨微笑着用糯糯的台湾腔和我们打招呼。

午休时间，林主厨开始写一款下午要制作的面包食谱。

林育玮:

📍 北京，中国

— 原麦山丘主厨，三年前从台湾来到北京，做面包是他最喜欢的事情，美食、阅读、音乐、电影以及旅行是他生活中不能缺少的部分。对他来说，面包是一场不能停歇的修行。

让身体先于心去记忆

林育玮从 17 岁开始做面包。那是一个炎热的夏天，当时的他，只是一个爱吃面包的普通高中生。本打算高中毕业后去修车行学修车的他，有一天，像往常一样走进自己常买面包的面包店，无意中瞥见了在工作间里制作面包的师傅们。他们的工作环境和脏乱油腻的修车行截然不同，他们的衣服洁白整齐，同时还有冷气可以吹。他被眼前的一切深深吸引，立刻走向前台询问："请问你们这里缺不缺学徒？"得到肯定的答案后，隔天林育玮立刻到店里上班。正是 20 年前的这样一个闪念，改变了他后来的人生。

做面包，需要将大量基础工作不断重复，并在变化的环境中因地制宜。这个过程枯燥无聊，却是不可缺少的重要修行过程。进店之初的半年多时间，林育玮全部都是在做最基本的打杂工作。清洗、拖地、扛面粉，不断地机械重复着这些工作，他发现自己甚至连接触工作台的机会都没有。做面包并没有想象中那么容易，在数万次的累积和新的学徒进店后，林育玮终于可以靠近桌面，帮师傅把整形好的面包端去醒发箱。这个过程又重复了上万次后，他终于可以接触一些基本的面包制作环节，而称料则是第一步。

称料并非想象中那么简单，因为当时台湾还没有电子式的磅秤，只有传统的指针式磅秤，上面标注着两和公克（台湾的重量单位，两即台两，1 台两 = 37.5 公克，1 公克 = 1 克）。林育玮还记得那时候自己总是弄混两和公克。差之毫厘，谬以千里，面包原料需要非常精准，控制起来非常困难。但经过 20 年的反复练习，现在的林主厨已经可以徒手凭感觉切割出相应重量的面团。

称料技艺娴熟后，接下来是打馅料。当时林育玮所在的面包店主营台式面包，因受日式面包影响很深，台式面包常添加各种馅料，例如奶酥馅料等。打了不计其数的馅料之后，他才终于开始学习如何烤面包。但只是学习如何搅拌面团，就几乎花了将近一年的时间。做面包的每一个环节都需要上万次的练习，让身体先于心去记忆。

1. 林育玮对原料的选用非常严苛：水滴巧克力豆源自印度尼西亚，伯爵茶来自英国，可可粉来自瑞士。这份在原料上的"固执"，也是林主厨职人精神的一部分。

2. 面包出炉静置冷却两小时后，准备上架。

$\frac{1}{2}$

做面包的"勤"与"量"

林主厨说，他觉得做面包最难的步骤是搅拌面团，需要每天去观察室温、面粉温度以及水温。这三个温度需要按照一定的公式去结合换算，当手揉面团或者机器搅拌面团时，都会产生摩擦，摩擦就会生热，温度便会上升。台湾的夏天室温很高，甚至冬天也会达到17℃左右，而面团的温度不能太高，所以需要从室温和水温方面去控制。做面包的精准度甚至涉及粉温，有时需要提前将面粉进行冷藏，使其降低温度。

台湾和北京的室温相差很大，在台湾可以做好面包，并不代表在北京也能做得很好。因地制宜的观念，在做面包时非常重要。但当做的面包达到一定的量，就需要有设备来辅助。除去北京店里统一的精密机器设备之外，剩下的还需要一些时间数据。比如醒发所需的时间和温度，都有着固定公式，需要不断地去调试和计算，以保证面包的口感与品质。

要问林主厨在做面包时"努力"和"天赋"哪个更重要？他的回答一定是努力，在他看来，能否做好面包全在于"勤"与"量"。另外，先天的味觉、触感也很重要，且需要后天的保护。因此林主厨从不抽烟，只是偶尔小酌两杯，有意识的保护果然起到了作用，直到现在他的味觉都非常敏锐，不夸张地说，他能品尝出面包糖度是70%还是75%。

以前他在台湾做面包的时候，面团不像现在是由中央厨房统一制作后运送到各店，在门店只需整形和二次发酵就好，那时候，林主厨每天都会在凌晨三点左右起床，备料、揉面、发酵、整形、二次发酵、烤制。虽然现在他已经不再需要凌晨三点起床，但还是经常会为了开发新品而忙到深夜，基本每天工作13个小时。

为了软欧包，从台湾到北京

林主厨最喜欢的面包是杂粮类面包，店里的"谷早味"是他的最爱，这款面包由杂粮面团、红豆、肉松、小麦胚芽制作而成，很像他小时候最喜欢的红豆面包。那时候的台湾有走街串巷卖面包的面包车，类似餐车的模样，每天傍晚7点会准时开到他家附近。当时的面包种类很单一，只有红豆面包，模样、口味都像极了传统的日式红豆面包。"每天傍晚面包车来的时候，是一天中最幸福的时候。"那时他最中意的面包，其实已经在他的心里埋下走上面包之路的种子。

店员正在称量面包的重量，每款面包都有一个标准重量，不符合标准的面包将不予出售。

interview

林育玮 | 做面包是一场不能停歇的修行

正在专业发酵箱中二次发酵的面团。

过去在台湾的面包店里，林主厨做过日式面包、丹麦面包、可颂、硬欧包、软欧包等各式面包，但来到北京后，他主要是做软欧包，因为他所在的店开店之初，北京几乎没有做软欧包的店。而硬欧包并不适合亚洲人的口感习惯，亚洲人分泌的唾液量少于欧洲人，从生理上来说也更习惯于软糯的面包。

林主厨的面包之路并非一帆风顺。在台湾时，林主厨曾工作了5年之久的一家店，因经营不善最终休业破产。那时候林主厨已经对自己做的面包开始有了信心，正在自我认可的阶段，也收了很多徒弟，面包房的突然倒闭，对他来说犹如晴天霹雳。在接下来的两个月里，他非常沮丧和失落，甚至想过转行做甜品。

但这个念头很快就被打消。在难眠深夜的辗转反侧中，他忽然意识到自己根本放不下对面包的热爱。这次经历，也让他更加坚定了此生以面包为业的决心。当时恰逢有一个来北京的机会，店主支持林主厨来北京闯闯，他就这样只身来到了北京。

目视前方，适时回头遥望

在林主厨看来，判断一个好面包的标准，首先是需要确保原材料够好。除此之外，要观察这个面包有没有按照面包配方表的步骤严格进行。好的面包，必须保证其出炉的状态是熟的。熟的就可以了吗？听起来简单，其实有很多面包店做的面包，都不是真正烤熟的状态，表面可能是焦化的，但内里带有黏性，水分还很大。就像牛排一样，七分熟、八分熟，可能外表看起来已经熟了，内里还有血丝。全熟的面包在于其外表和内里保持一致性，可以品尝得到成熟的麦香味，同时有嚼劲。林主厨教了一个方法，可以迅速判断一个面包是否全熟——用手去触摸面包表皮，如果轻轻按压后面包弹回原位，说明面包一定是全熟的。

他做面包的灵感，通常源于各种食材，有时也源自艺术。林主厨喜欢逛美术馆，他曾开发过的一款面包，就是在台湾逛朱铭美术馆时得到的灵感。但是做面包并非一直充满趣味，当内部试吃不顺利时，或者一直重复机械劳作的时候，他也难免会产生消极情绪，便是到了做面包的倦怠期。但他不会放任这种情绪，每当他做面包出现了瓶颈，他就会去旅行，去品尝其他地方的面包，或者与很多朋友聊天，在这些过程中重新找寻新的灵感，去激发创作的热情。

"无论做什么事情，心态都是最重要的。"林主厨回看他20年的做面包生涯，含蓄而谦逊地说出这一句。在他的20年里，也曾经历过挫折与失败，也有过想放弃的时刻。但他还是坚持下来了。独自在家时，他会把音乐开到最大音量，经常听的是五月天的歌。因为家人和孩子都在台湾，他每隔三个月会定期回去一趟。其他闲暇时间，会去日本等地旅行。

林主厨说，他的面包人生还需要不断地修行。目视前方，适时回头遥望，不忘初心，也不能停歇。

林主厨的一天

7:00
林主厨到店，轻轻拉开店门。

7:10
到店后，林主厨脱下外套，穿上面包店制服。

7:15
开工之前的必行事项: 洗手。

8:30
林主厨在测量面团内部温度。

8:40
林主厨正在为面包整形。

9:30
林主厨将烤好的面包从烤箱中取出。

10:00
林主厨正在给面包撒上芝麻。

13:00
短暂的午餐时间。林主厨的很多面包创作灵感来自日本料理。

14:30
林主厨看着已上架的面包，他最喜欢的是杂粮面包。

17:00
结束了一天的工作，林主厨脱下工作服，准备回家。

Whole Wheat
Chocolate Bread

全麦米歇尔可可面包

—

Whole Wheat Chocolate Bread

❖❖❖❖❖❖❖❖❖❖❖❖❖❖❖❖❖❖❖❖❖❖❖❖❖❖

🕐 *2H40MIN* 🍴 *FEED 8*

❖❖❖❖❖❖❖❖❖❖❖❖❖❖❖❖❖❖❖❖❖❖❖❖❖❖

食材
·

高筋面粉 / <u>700 克</u>
全麦面粉 / <u>300 克</u>
酵母粉 / <u>10 克</u>
蜂蜜 / <u>60 克</u>
巧克力豆 / <u>200 克</u>
盐 / <u>18 克</u>
水 / <u>800 毫升</u>

做法
·

STEP [1]
将高筋面粉、全麦面粉、盐混合
均匀。

STEP [2]
加入蜂蜜、水、酵母粉，溶解搅匀，
反复揉约 15 分钟。

STEP [3]
将巧克力豆放入，折叠进面团中，
发酵 80 分钟。

STEP [4]
将发酵好的面团分割出 250 克，
整形成橄榄形，发酵 30 分钟。

STEP [5]
表面撒生面粉，割井字形划口。

STEP [6]
烤箱温度上火 220 ℃、下火
180℃，烤 17 分钟。

○

深山里的石窟探访记

△ Agnes_huan 歡 | text & photo
△ Dora | edit

每个人心里总有那么几间不欲为人知晓的隐世小店，抱着小小的侥幸，期望自己是那少数派的伯乐。与这些店家大多是不期而遇，却有令人恍若踏入"世外桃源"的窃喜。

要说起的这家店，其实是早在十一月间，我跟随东京蓝带学院高级面包烘焙班校外探店旅行的时候邂逅的。我本是个在旅行方面随意而懒散的人，所以也没有事先做功课，事实证明，邂逅惊喜的旅途还是非常欢乐的。回来之后一直惦念着得写些什么，来纪念这样一段旅程。

那天带领我们的，是一位长居日本的法国人 Stephane Reinat（史蒂芬·雷纳特）先生，在蓝带学院担任法式面包烘焙总监 Chef。说起来也是缘分，这家面包坊虽在当地颇有盛名，然而酒香也怕巷子深，要不是 Stephane平时时刻留意日本各处有特色的面包店，我们还是很可能与之错过。

位于山中的小面包坊"木の葉"的门前。

1. Stephane Chef 带着我们
   参观面包坊。

2. 抵达的 JR 车站：青梅站。

3. 石窑上方的雨棚，被烟气
   熏成了焦糖色。

4. 面包坊的廊前。原本是一
   个雨天，抵达面包坊时却
   放晴了。

我们挑了一个周末，提前致电面包坊的工作人员联
络妥当，一群国际面包"狂热分子"，就跟随着
Chef 远离喧闹的东京，踏上了前往青梅的 JR 线，
跋涉 60 公里去参观这家隐匿在山里的手工面包
坊——木の葉（木之叶）。

路上我们问 Chef，是怎么发现这家"木の葉"的，
他却开始跟我们讲他的梦想。原来他一直梦想着归
隐田园的生活，拥有自己的一片麦田，不用很大，
够他种些小麦，顺带种一些应季蔬菜瓜果就好，
还要有一家磨坊，不用很现代，只要有一台小小的
石磨就好。亲手播种小麦，然后收割，在磨坊里研
磨成粉，再在磨坊旁边建一个烧柴石窑，烤那些用
自己种的小麦做的面包，然后供应给附近的父老
乡亲们。一切都要新鲜并遵循自然规律，这也是
近几年法国面包烘焙界兴起的新热潮——Paysan
Boulanger（乡村面包师），与日本的"田舎パン屋"
（乡村面包店）概念相似，都是提倡合理利用资源，
在生产、耕种、饮食和料理等各方面回归自然，按
四季更替的节奏来进行的生活方式。

某天 Chef 在搜寻相关信息时，突然发现了这家位
于青梅山区的手工面包坊的创始人，自己建造柴火
石窑的经历。据说这位创始人大叔也是一位石窑发
烧友。在开设面包坊之初，为了建造出心目中理想
的石窑，大叔不惜跨越千山万水前往奥地利，只为
寻到他认为完美的柴火石窑建造图纸。回到日本后，
他立即着手动工，按图纸原比例建造了现在的石窑。

法国老一辈的传统面包师们，曾经都是用石窑来烤
面包的，但随着大型连锁面包坊的出现，以及面包
的大量制作需求，老式石窑曾一度因为效率和产量
的原因退居二线。不过，近来天然酵母、手工制作、
遵循传统方式制作面包的风潮再次兴起，石窑的身
影也渐渐重现于一些面包坊里，甚至成为面包品质
的一种标志。而能够熟练运用和掌握好石窑，并能
够在没有中央空调、没有调温发酵箱的"自然"环
境中控制好面团发酵的"火候"，也是对一位面包
师专业技能的极高考量。

于是，Chef 心心念念地想来会一会这个与他有着
类似梦想的日本大叔，也想看看这位大叔按奥地利
寻来的图纸建造出来的石窑。当然，最后还要品尝
一下他们烤的面包。
那天的天气原本是有雨的，没想到抵达青梅之后却
开始放晴了。我们一行人分乘几部出租车上山。大
约 10 分钟的光景便抵达了"木の葉"。一栋木结
构的大房子呈现眼前，左前方还有一栋独立突出的
尖顶小房子。周围环绕着寥寥几户民居，更多的是
绿茵茵的山林景色。耳边除了鸟鸣之外，非常清静。
事先约好的店员早已等候在门口，微笑着招呼我们
进门。

1. 店堂里的小型壁炉。

2. 石窑入口。

3. 我们和周围乡邻都大爱的大白胖面包——"森林白面包"。

4. "木の葉"使用的日本产小麦粉。

5. "木の葉"使用的法国原产小麦粉。

```
 1   3
---  ---
 2   4 5
```

互相寒暄之后,店员表示今天创始人大叔不在,由他来带领我们参观。自然是先从大家都十分好奇的石窑开始一探究竟。在整面都是落地玻璃窗的门廊尽头,就是那栋独立突出的尖顶小房子,原来那就是石窑所在。店员解释说,每天的工作流程就是先把石窑加柴火点燃,进行加热升温,同时准备当天需要烤制的面包和菜肴等。待石窑内的温度达到要求后,便将备好的面团送进石窑进行烤制。面包烤制完成后,石窑的温度依旧较高,因为石窑降温相对缓慢,所以店里也时常利用石窑的余热来制作菜肴,在相应的季节也提供堂食服务,幸运的话,能吃到他们自家制作的面包搭配蔬菜和肉类料理的简餐。

作为一个"专业"观光团,自然少不了询问原材料的环节。好在店员没打算保密,径直领我们去了里面的原材料小仓库,给我们展示了他们所使用的几种不同的面粉。Chef 发现了法国小麦的踪影,激动地抚摸着面粉袋子说:"这是 100% 来自法国的小麦颗粒,经日本本地制造商研磨生产的。是品质很好的一种。"

看完面粉出来,一眼瞧见放在门口的小型面粉研磨机,店员也很大方地示范了一下操作流程,并解释说店里的一部分面粉是老板采购小麦颗粒回店里,然后用这台石磨亲自研磨成面粉。别看它外面是木头,其实最上面那个倒金字塔形的漏斗下方内部中心就是石磨,只是被木头外壳遮住了而已。

1. 创始人大叔按照从奥地利寻来的图纸，原比例搭建的石窑。

2. 店内的小型石磨。

3. 店里还供应搭配面包的手工果酱和其他有机食品。

1 | 2
  | 3

当天由于抵达的时间较晚，没看到面包烤制的过程。虽然有些小遗憾，但能够品尝到新鲜出炉的面包也很幸运。店里供应的面包种类不多，面包外表也很朴素。其中一款胖胖白白圆圆的大个头面包，尤其吸引了我们的注意。当时店里开始陆陆续续排起长队，一看就是附近住家的大叔和带着小孩的欧巴桑们，还有几位老奶奶，几乎每个人都会问店员要一个"大白胖"面包。原来它还有个清新的名字，叫"杜の白いパン"（直译过来就是"森林里的白面包"）。于是我们也排起了队，终于也拿到了这款白面包。入口的感觉，简直像在咀嚼天上的云朵，奶香浓郁却清新不腻，柔软却有不错的嚼劲，而且麦香细腻，酸度适中。感觉是介于有嚼劲的法式长棍和香浓的布里欧修面包之间的一种。只听到一群人中"嗯""好吃！""好软！""好香！"的赞叹声此起彼伏。后来店员告诉我们，这款面包非常受附近老人和小孩的欢迎。这也是创始人大叔开发这样一款面包的初衷，既保留了法式面包的长处，又加入了日本民众喜爱的元素（奶香和柔软度）。即使是牙齿不方便的老人和小孩也能够安心享用的面包，他做到了。

最后，我们与 Chef 各自带着不同品种的面包，和发现"木の葉"的喜悦心情，以及未能见到创始人大叔本尊的一丝丝小遗憾，离开了青梅。听店员说，其实大叔一直不接受媒体采访，这次是学校参观的性质，才能够接待我们。这位不接受任何采访的大叔，除了研究面包烘焙，平日里也在为保护附近森林资源和缓解全球气候变暖问题而奔波着。我不由得又对他生出几分敬意。

那个圆圆的大白面包，在回去的路上很快被瓜分一空。等到春暖花开的时节再去一次吧，我心里这么想着。

Djibril Bodian

一欧元的幸福配方

△ 于骁 | interview & text
△ Grenierà Pain | photo

法棍之于法国人，就像米饭之于中国人，是餐桌上不可或缺的角色。不是主角，但无它不成席。法国人每年消耗 350 吨面包，法棍占其中的 65%。为了保障基本民生，法国政府对法棍的价格有一定的限制，一根够两人食用的法棍，一般在 2 欧元以下。也正因如此，法棍并不是面包坊利润的主要来源，但却绝对是面包师手艺高低的试金石。

法棍是百搭的，可以切片涂上黄油、果酱，或者剖开在中间夹上肉、香肠、奶酪和生菜。吃正餐时，可作为开胃小菜蘸橄榄油或肥鹅肝，也可搭配主菜吃。它表皮松脆，内部细腻而弹韧，细细咀嚼，唇齿间弥漫浓郁麦香，热量低又不失美味，兼顾营养和饱足感。也难怪法国人发出"不吃法棍还能算法国人吗？"的感慨。

Djibril Bodian（贾布里勒·博迪恩）：

- 📍 巴黎，法国
- 2015 年巴黎最佳法棍面包制作者。

非洲裔的法国面包师 Djibril Bodian，是众望所归的 2015 年巴黎最佳法棍面包制作者，同时也是 2010 年该奖项的获得者。Djibril Bodian 6 岁来到法国，在塞纳·圣德尼省长大，1996 年后相继在一家甜点店和面包店度过了三年的学徒生涯。1999 年，刚刚拿到文凭的他就被称为全巴黎最好的学徒。2005 年受雇于 Michel Galloyer（米歇尔·加洛耶），加入了面包店 Grenier à Pain 的团队一直合作至今。

1. Grenierà Pain 面包店内。

2. 印在 Grenierà Pain 面包店橱窗上的 2015 年巴黎最佳法棍面包获奖徽章。

3. 位于巴黎 18 区的 Grenierà Pain 面包店。

食帖 : 为何选择做面包师？

Djibril Bodian (以下简称"Djibril") : 我的父亲一直都在面包店工作。小时候，每当他工作的面包店关门，我和哥哥还有面包店老板的儿子，都会一起在店里玩耍，我们打扫卫生，玩面粉，或者过家家。如果说梦是如何开始的，这可能是最早的雏形。

后来我的哥哥成了一名糕点师，我亲眼看到哥哥从他所做的事中找到了快乐。同样的，也从没听父亲抱怨过他的职业。上学的时候，我成绩一般，属于脑子够用，但喜欢犯懒的类型。高三以后我在父亲工作的面包店做了一段时间学徒，并对这期间所学到的东西感到非常开心，所以就决定尝试走上这条路。

食帖 : 你做法棍有什么独门秘籍吗？

Djibril: 秘籍？秘籍就是热情。当我们热爱自己所做的事情时，心里只有一个想法，就是把眼下这件事做到最好，尽最大努力，尽一切可能。而当我发现我的工作，我做的面包被人们认可、赏识时，就会忍不住想做得更好，来回报大家。我是一个谨慎的人，会在意每道工序中的每个微小细节，也是个亲力亲为的实践派，不喜欢假他人之手。不论做什么，为了达到自己的要求，都不能吝啬在其中花费的时间，所以我从不计算我工作的时间。付出总会得到结果，或早或晚。

1

—

3 | 2

食帖：制作法棍的难点是什么？

Djibril: 其实面包的原材料越复杂，制作反而越容易。然而在所有的面包中，没有比制作法棍需要的材料更少的了，只需面粉、水、盐、酵母。

简单的东西往往特别考验制作者的技术。从判断发酵的程度，到为面团排气时下手的力道，还有折叠时面团的绷紧程度，从分割时的精准度，到搓圆时的手法，根据经验和面团的状态来判断折叠的次数、发酵的时间、整形的时机、割包、蒸汽等等的过程，都需要长时间大量练习的积累。

食帖：如何判断法棍品质的好坏？

Djibril: 一根烘焙得当的新鲜法棍，外皮干燥酥脆，内部松软湿润，散发焦香味。切开来，切面呈现不规则的开放性气孔。这些气孔也叫气室，又被叫作"风味袋"，堪称发酵典范。多洞的组织可以确保蓬松湿润的口感，配合酥脆的外壳，造就完美口味。

食帖：在很多人眼里面包师是一个工作内容重复性很强的职业，你会不会偶尔感到枯燥厌倦？

Djibril: 制作面包，尤其是法棍，有很多需要注意的事项和忌讳。但正是因为这些约束，才造就了完美的法棍。也正是因为这些规矩，面包师这个行业才会被人需要，令人愉悦。我把每天的工作看成是一种创作，用最简单的材料，创造每个人都能负担得起的美食。

制作法棍的步骤虽然是重复性的，但即使是同样的材料，同样的配比，做出的法棍的品质和口感也不尽相同，即使是入行第 22 个年头，每次打开烤箱时我都会紧张和期待。

同时我的好奇心也很强，喜欢自己去摸索，不断提出新的假设，做新的尝试。挑战所有的可能性，我在其中找到了无穷乐趣。

1. 难以想象，制作这样一根漂亮的法棍，居然只需要四种原料：面粉、水、盐、酵母。

2. 割口是否棱角分明、张力十足，也是判断一根法棍优劣的关键要素。

3. Djibril Bodian 身为职业面包师，当然不只擅长制作法棍，但他的确因制作出"2015 年巴黎最佳法棍"而闻名。

1
2 | 3

David McGuinness

面包有了，牛奶也要有

△ **王蕊** | interview & text
△ **Bourke Street Bakery** | photo

短短 12年，Bourke Street Bakery从一家街角小店变成澳洲最受好评的面包店。它有着令法国人都拍手称赞的牛角面包，有着令市民一大早就来排队购买的每日特供点心。然而，创始人 David McGuinness始终不忘初心，Bourke Street Bakery仍在前进的路上。

Bourke Street Bakery 摆满面包的货架。

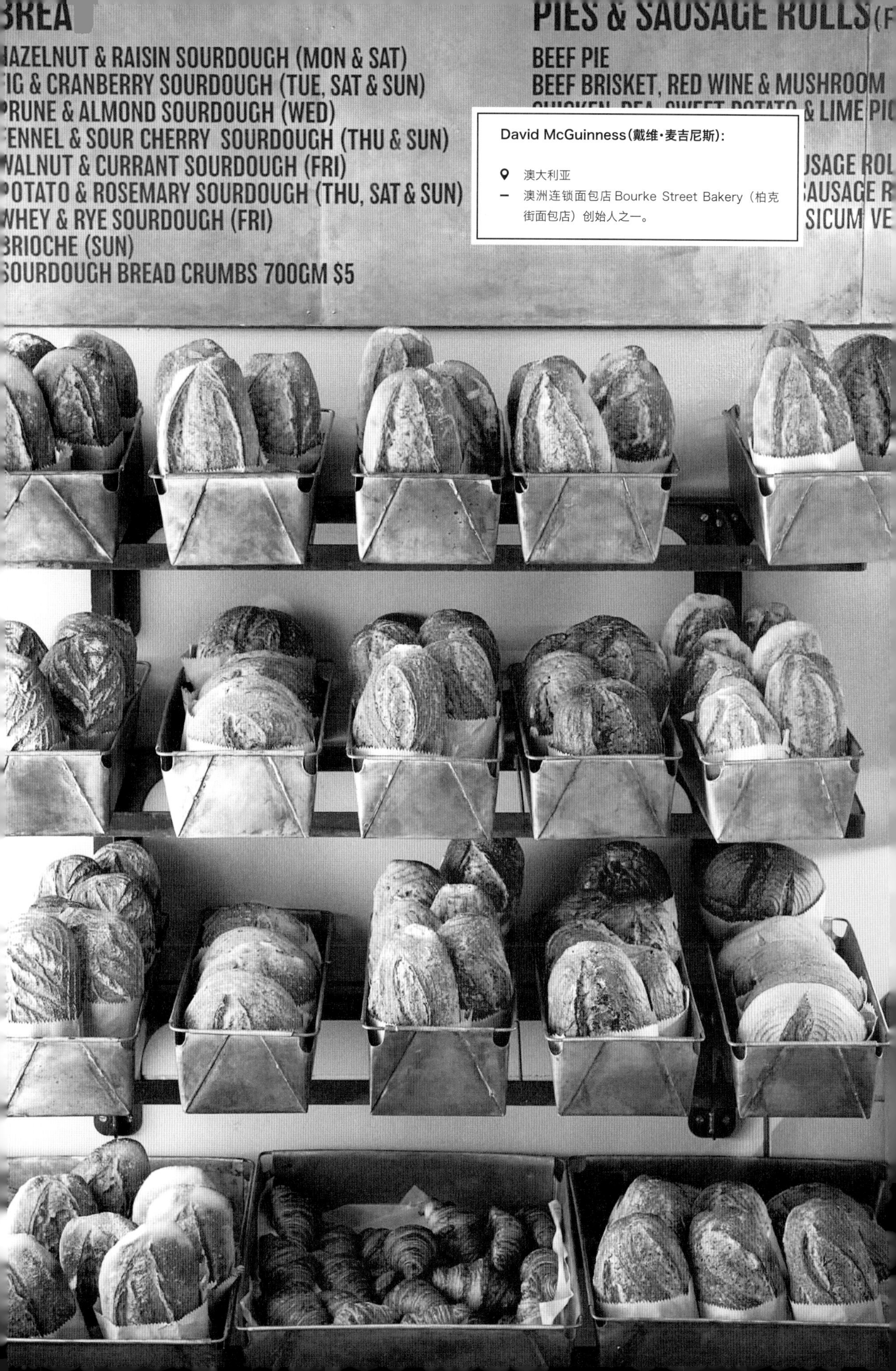

BREA

AZELNUT & RAISIN SOURDOUGH (MON & SAT)
IG & CRANBERRY SOURDOUGH (TUE, SAT & SUN)
RUNE & ALMOND SOURDOUGH (WED)
ENNEL & SOUR CHERRY SOURDOUGH (THU & SUN)
ALNUT & CURRANT SOURDOUGH (FRI)
OTATO & ROSEMARY SOURDOUGH (THU, SAT & SUN)
WHEY & RYE SOURDOUGH (FRI)
RIOCHE (SUN)
OURDOUGH BREAD CRUMBS 700GM $5

PIES & SAUSAGE ROLLS (F

BEEF PIE
BEEF BRISKET, RED WINE & MUSHROOM
CHICKEN, PEA, SWEET POTATO & LIME PIC

USAGE ROL
SAUSAGE R
SICUM VE

David McGuinness(戴维·麦吉尼斯):

- 澳大利亚
- 澳洲连锁面包店 Bourke Street Bakery（柏克街面包店）创始人之一。

执着与热爱

1. Bourke Street Bakery 分店之一 Alexandria，面包师正在门口休息闲聊。

2. Bourke Street Bakery 开在 Surry Hills 街角的第一家店。如今，Bourke Street Bakery 已被许多人认为是澳洲必去的一家面包店。

3. Bourke Street Bakery 的特色三明治。

4. 派与三明治卷。

5. 面包师正在烘焙黑麦酵母面包。

Paul Allam（保罗·阿拉姆）与 David McGuinness 都是主厨，同样热爱烘焙的他们，决心一起做一件重要的事——开一家能够让整个悉尼都爱上的面包店。2004 年，第一家 Bourke Street Bakery 面包店在悉尼 Surry Hills（沙利山）的街角开业。到今天，Bourke Street Bakery 已开了 10 家分店，并成为澳洲最知名的连锁面包店。David 说："开始的一切都源于执着和热爱。现在最令我自豪的事情便是，我们每天都会迎来新的顾客，而那些 10 多年前的老顾客依旧会来。在悉尼的每个角落都有人和我说：'也来我们这里开一家面包店吧！'"

虽然规模越来越大，但 Paul 与 David 始终不忘初心：用最好的原料与最大的热情，来制作有品质的面包。"我们使用石板烤箱烘烤面包，这让我们的面包拥有足够的上升空间，和完美的表面。烘焙面包的每一个细节都很重要，优质的原材料、充足的发酵、烘焙时间，都不能马虎。当然，我们都满怀热情，享受其中。"David 说。

黄油，黄油，黄油

除了每天烘焙的固定面包，一周里的不同日子，店内还会限量提供特色面包与甜点。比如限量的天然酵母面包尤其受欢迎，而每周四的樱桃蛋糕也总是早早便售罄。

Bourke Street Bakery 有着澳洲最受好评的牛角面包，适度的甜度、完美的酥皮、金黄色的外观与绝妙的分层内心。再挑剔的人，对着这样的牛角面包也说不出话来。"其中的秘诀便是：黄油，黄油，黄油。"David 说，"一个好的牛角面包，黄油是必不可少的原料。人们普遍使用人造黄油来做牛角面包，但事实是，人造黄油永远代替不了天然黄油。不过因为原料的关系，我们的牛角面包也要略贵一些。"

interview

David McGuinness | 面包有了，牛奶也要有

除传统面包，Bourke Street Bakery 同样提供甜点、咖啡、三明治等美食。

最完美的早午餐

冬日，在街角吃着喷香的手工天然酵母面包，喝着醇香的咖啡，欣赏冬日风景，是 Paul 与 David 共同的心愿。所以他们的店里不仅提供全澳洲最好吃的面包，同样提供早午餐。

令人惊讶的是，不仅面包受到好评，他们出品的咖啡、点心同样被很多顾客评为"吃过最好吃、最完美的"。每一天、每一家的 Bourke Street Bakery 都人满为患。如果你去晚了，就只能加入门前大排长龙的队伍，或是为了一个座位端着餐盘等待许久。

一家面包店致力于解决失业问题？

你是否能想到，一家面包店会致力于解决失业人口的就业问题？人们常说："面包会有的，牛奶也会有的。"在 Bourke Street Bakery，人们真的因为面包而有了新的就业机会。2014 年春天，Bourke Street Bakery 启动了"面包与黄油"（Bread and Butter）项目，项目为难民提供长达一年的免费烘焙培训。因难民英语大多不好，对他们的就业造成了一定困难，Bourke Street Bakery 便邀请社区志愿者来教难民英语。面包与黄油项目的所有盈利都用于培训与就业，或是捐赠给澳洲更贫穷的地区。

面包与生态

Bourke Street Bakery 是一家专注于社会的面包店。它不仅是澳洲第一家社会企业面包店，也是免税捐赠组织（Deductible Gift Recipient）的注册慈善企业，和悉尼第一家运用生态循环技术的公司。分店 Banksmeadow 面包店拥有着独立的环境废物循环处理系统，产生的所有有机废物，都会通过该系统处理转换成肥料。肥料会送给 Bourke Street Bakery 的小麦种植商户或其他生产烘焙原料的厂家。Bourke Street Bakery 使用罐子储存面粉，并与面粉供应商之间建立了运输管道，避免了面粉包装纸的使用与运货卡车所造成的污染。Bourke Street Bakery 甚至有着自己的原生生态园，生产蜂蜜产品。

尽管 David 和 Paul 几乎已达成了他们当年的全部梦想，但问起 David 最难忘的烘焙经历时，他说："是第一次烘焙酸面团面包，那种惊喜我永远忘不了。"

夜色降临，暖黄色的灯光从 Bourke Street Bakery 面包店透出，塞满面包的柜架格外吸引人。

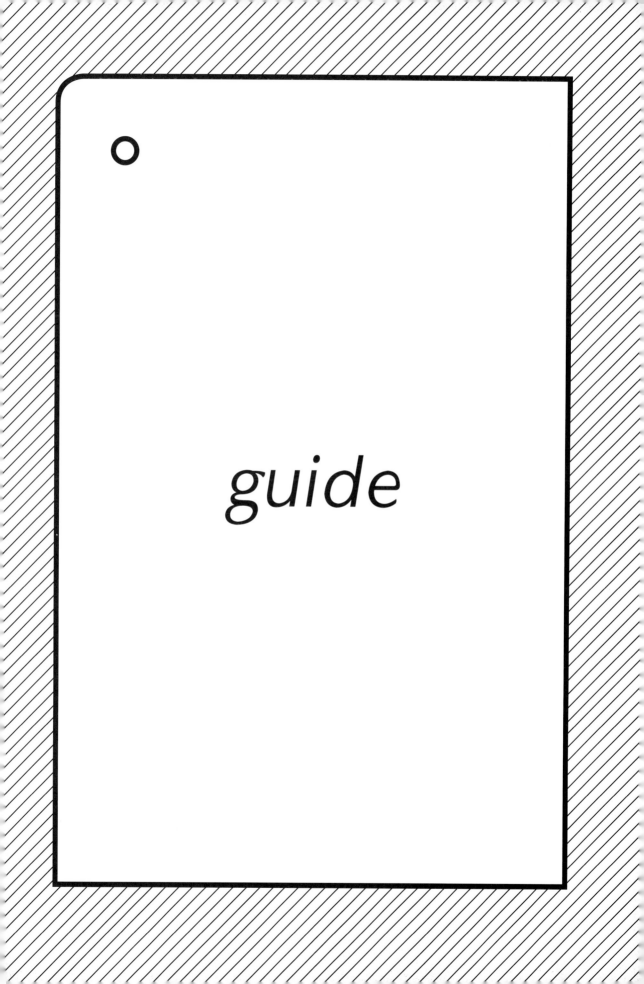

guide

21st Century Bread Odyssey on Earth

21 世纪
地球面包漫游

△ 王蕊 | text & edit
△ Ricky | illustration

　　从数万年前诞生至今,面包经过了无数变迁。即使是以小麦粉为主要原料,以酵母、盐、水为辅料制成的简单面包,如今也已演变出多种形态。世界上的各个国家和地区,都有各自的经典面包,这些面包或是使用独特的面粉,或是加入特殊的配料,或是背后有着令人难忘的故事。

　　面包分为两系,lean 系面包低脂朴素,用料简单,多仅由水、盐、酵母、面粉制成,旨在突出谷物本身的味道。rich 系面包用料繁多,面团添加大量鸡蛋、糖与油脂,口感较为饱满。

1. 法国 Baguette［法式长棍］

法式长棍是最传统的法式面包，通常不加糖、奶，只用小麦粉、水、盐和酵母四种原料，其外皮酥脆，内里松软，保质期很长。随着时间推移，内里也会变得硬邦邦，最标志性的特征是长棍造型及表皮割口。

法棍的大小并没有明确的规定，通常直径为五六厘米，高度为三四厘米，长度在65厘米左右，重约250克。有些法棍则更轻些，如马赛的法棍只有200克。

法式长棍的出现源自法国的一项规定。相传在1920年，法国政府规定面包师在晚上十点至早晨四点之间不能工作。而传统的圆形面包不能在短时间内烘焙好，于是，易熟长棍面包出现了。

类型： lean系

主要谷物： 小麦粉

2. 意大利 Ciabatta［夏巴塔］

传统的夏巴塔是用小麦面粉或全麦面粉、酵母、盐、橄榄油做成的硬壳白面包。1982年，为了和抢占市场的法棍面包竞争，阿德里亚的面包师阿纳尔多·卡瓦拉里（Arnaldo Cavallari）在传统意大利面包的基础上发明了夏巴塔。在意大利语中，夏巴塔的意思是"拖鞋"，因为这种面包形状非常像拖鞋。夏巴塔内里湿润，表皮硬薄，十分适合做成三明治，而用夏巴塔做成的三明治则被称为"帕尼尼"。

类型： lean系

主要谷物： 小麦粉

3. 奥地利 Croissant［可颂］

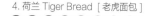

可颂，也叫牛角面包，最传统的可颂是将黄油涂入用酵母发起的面团，层层折叠形成牛角状，大火烤制后会形成酥皮。其特点是外层酥脆，内层松软。可颂在世界上流传甚广，在不同国家可以看到各具特色的可颂，如添加了奶油、杏仁酱的意大利可颂，搭配巧克力、葡萄干等配料食用的西班牙可颂。

虽然这种罪恶美味的牛角包在法国极其流行，但关于它的真实起源，却说法不一。一说是起源自欧洲。732年，为了庆祝倭马亚王朝的灭亡，Buda发明了这种牛角面包，牛角形象征着伊斯兰新月形标记。另有说法称起源自奥地利。1683年，奥斯曼帝国试图在夜间挖地道偷袭土耳其，但因当地的面包房烘焙师已早早起来烘焙面包，便发现了土耳其人的偷袭行动。烘焙师拉响警报，叫醒了城内其他土耳其人，阻止了奥斯曼帝国的阴谋。为了纪念战争的胜利，面包师傅将面包做成了类似土耳其国旗上新月形的号角状。

类型： rich系

主要谷物： 小麦粉

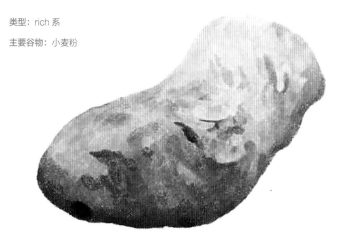

4. 荷兰 Tiger Bread［老虎面包］

老虎面包由面粉、米粉、糖、黄油和酵母制成。制作时，表面涂上米粉，干燥后便得到虎斑一样的裂纹表面，老虎面包霸气的名字由此而来。不过，2012年1月，一个三岁的小女孩写信给英国老牌超市塞恩斯伯里（Sainsbury）："为什么不叫长颈鹿面包呢？它们更像长颈鹿花纹。"而超市真的采纳了意见，将之后销售的老虎面包改名为"长颈鹿面包"。

人们依旧不清楚老虎面包从何而来，据说，它起源自荷兰或其他北欧国家。如今，它在欧洲与美洲加州湾地区都很受欢迎，可以在很多超市中见到它的身影。

类型： lean系

主要谷物： 小麦粉、米粉

5. 意大利 Focaccia 佛卡夏

看起来很像比萨面团的佛卡夏起源自意大利，由高筋面粉、橄榄油、水、盐、酵母制成。其实，在面饼上铺上各种蔬菜、酱料、奶酪或肉烤制便是我们熟知的比萨。在制作佛卡夏时，面包师会手工将其压成一层厚厚的面团烘烤。

在佛卡夏传向世界的过程中，因语言和各地风格的不同，佛卡夏演变成了各式面饼。利古里亚（Liguria）的佛卡夏中加入了糖、葡萄干、蜂蜜之类的甜品，演绎成了甜蜜版本佛卡夏（Dolce）。在威尼斯，鸡蛋、糖和黄油则取代了原本的橄榄油和盐，让佛卡夏看起来更像一个黄金面包（Pandoro）。而现在最流行的，是表面用橄榄、迷迭香、岩盐、番茄干做装饰的佛卡夏。

类型：lean 系

主要谷物：小麦粉

6. 日本 Anpan（あんパン）红豆包

红豆包是日本甜类面包的开山鼻祖，后来又出现了白豆、绿豆、芝麻、栗子等馅。红豆包甘甜醇香，搭配牛奶、抹茶、咖啡都很好吃。明治时期，伴随着军队的崛起，日本很多武士失去了工作。木村安兵卫（Kimura Yasubee）便是其中之一。当时，日本只有咸味和酸味的面包，木村安兵卫偶然看到一个年轻人在做面包，这使他萌发了做适合日本人口味的甜味面包的想法，这种想法于 1875 年实现。因为甘甜的味道，红豆包一面市，便受到了日本人的喜爱。1875 年 4 月 4 日，当时的日本天皇吃到了甜面包很是喜欢，要求木村安兵卫以后每天都为他做这种甜面包，由此，甜面包在日本国内更加流行。

类型：rich 系

主要谷物：小麦粉

7. 意大利 Grissini 面包棒

虽然 Grissini 看起来很像一种棍形饼干，但它其实是一种棒式面包。其形似铅笔，又比铅笔大上一号，有些地方在制作面包棒时会将其扭转出螺纹形状。现在工业化生产的 Grissini 长度通常在 25 厘米左右，手工制作的 Grissini 则长度不等，从 16 厘米到 75 厘米皆有。面包棒常与火腿、蒜蓉酱、意大利干酪等搭配，作为开胃小食。

根据意大利都灵的当地说法，1679 年，意大利北部兰佐托里内塞（Lanzo Torinese）的面包师发明了这种面包棒。相传拿破仑也很喜欢这种面包棒，会专门从都灵购入。目前，Grissini 在美洲、欧洲都很流行，亚洲也可以看到它的身影。

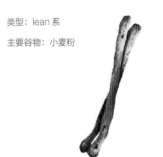

类型：lean 系

主要谷物：小麦粉

8. 日本 Syokupan（食パン）

日式吐司

与英国吐司外表类似，日式吐司是一种矩形面包，由小麦粉、盐、水、糖、奶粉制成，不过日式吐司的口感十分松软，也是日本经典的主食面包，经常可以在早餐餐桌上看到它的身影，常与牛奶、黄油、奶油等搭配食用。

日式吐司的原型是英国吐司，为了更适应日本人的口味，日本人对英国吐司进行了改良。本是"白面包"的英国吐司到了日本，材料比例进行了调整，形状也分为角形和山形，即长方形和上部拱起形。相较于英国吐司，日式吐司烘烤后表皮更加金黄，颜色更加均匀，口感则更加松软。

类型：lean 系

主要谷物：小麦粉

9. 墨西哥 Tortilla 玉米饼

墨西哥玉米饼是一种主要由玉米粉或小麦粉制成的未发酵的玉米面包，因其大饼的形状便被称为玉米饼。因小麦粉的高面筋含量，用小麦粉做成的玉米饼可以比用玉米粉做成的更大更薄且不易断裂。而作为原料的玉米则是经过特殊的"碱加工处理"。墨西哥人将干玉米粒浸泡在石灰水，也就是氢氧化钙溶液中，之后磨成粉，做成玉米面团，擀成薄饼状烤熟。这样处理后，玉米中钙的含量就增加了许多。这种做法一直沿用至今。据玛雅传说记录，玉米饼的历史可以追溯到大约公元前一万年。不过，现在也出现了机械化生产的玉米饼。在墨西哥，玉米饼常用于做墨西哥卷。

类型：lean 系

主要谷物：玉米粉、小麦粉

10. 印度 Naan 馕

印度的馕是一种由小麦粉、水、酵母、奶油制成的发酵面饼，通常会与咖喱或是肉类、蔬菜、奶酪等搭配食用。在南亚，厚厚的大饼通常都被叫作馕。馕外形很像同为烤饼的皮塔饼（Pita），现代印度人在做馕时，有时会加入酸奶让馕进行乳酸发酵，以赋予其独特的奶制品清香。馕的食用方法通常是在表面刷上黄油或酥油，或填入羊肉或其他馅料趁热食用。在英语中，"Naan"这一词语最早出现于威廉·图克在 1810 年的一篇游记中。

类型： lean 系

主要谷物： 小麦粉

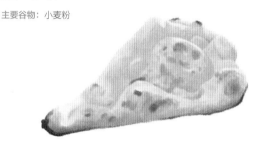

11. 德国 Berliner Landbrot 柏林乡村面包

典型的德国面包喜欢将小麦面粉和黑麦面粉混合使用。柏林乡村面包也不例外。柏林乡村面包是由黑麦粉、小麦粉、糖、盐、水制成的黑麦面包，口感厚实，酵母味道浓重，带有酸味，韧劲十足。几乎每个德国家庭主妇都会在家自制这种柏林乡村面包，它也是最典型的德式面包之一。

类型： lean 系

主要谷物： 小麦粉、黑麦粉

12. 德国 Brezel 椒盐脆饼

因特殊的环形打结形态，椒盐脆饼也被称为"纽结饼"，主要原料是小麦粉，同时加入少许黑麦粉。粗盐是最常见的调味料，糖、巧克力、坚果也是椒盐脆饼的好伙伴，搭配德国啤酒也是不错的选择。

关于纽结饼的起源说法繁多。一种说法是在公元 610 年，法国的修道士做出了第一块椒盐脆饼。修道士将面包扭成人们祷告时手臂折叠的样子，然后烘焙，用以奖励那些认真学习祷告的孩子。另一种说法是纽结饼起源自德国，1905 年，迈尔斯（Meyers Konversations-Lexikon）做出这种交叉形状的面包，或许是抵押品的一种替代品。纽结饼有着重要的宗教意义，它是封斋期可以吃的食物。19 世纪时，德国和瑞士的移民将纽结饼引入北美，使其开始受到美国人的追捧。

类型： lean 系

主要谷物： 小麦粉

13. 中国馒头

想到中国的面包是馒头了吗？馒头是中国传统面食，将面粉和水按比例混合发酵后蒸制而成。有些地方还会加入馅料。在江南地区，称肉馅馒头为"肉馒头"，其他地区则称之为包子。馒头仔细咀嚼可尝出甜味。

关于馒头的历史可追溯到战国时期。萧子显在《齐书》中写道，朝廷规定太庙祭祀时用"面起饼"，"入酵面中，令松松然也"。"面起饼"可视为中国最早的馒头。而"馒头"一词最早出自三国蜀汉诸葛亮《诚斋杂记》中写道："孔明征孟获。人曰：蛮地多邪，用人首祭神，则出兵利。孔明杂以羊豕之内，以面包之，以像人头。此为馒头之始。"

类型： lean 系

主要谷物： 小麦粉

14. 芬兰 Ruislimppu 乡村黑麦面包

Ruislimppu 是一种传统的芬兰乡村面包，由全麦面粉、黑麦面粉、谷物、水和盐制成。在气候相对寒冷的芬兰，小麦种植比较困难，因此当地人多使用黑麦制作面包，在芬兰语中，"Ruislimppu"就是"黑麦面包"的意思。Ruislimppu色黑味酸，口感较干，但吃起来会感受到它的松软。Ruislimppu 有着超长的保质期，有些甚至可以保存一年的时间。在芬兰 Ruislimppu 面包十分常见，在密歇根半岛上的许多酒吧和餐馆都能买到。

类型： lean 系

主要谷物： 全麦粉、小麦粉

15. 英国 Cottage Loaf 圆锥面包

英格兰圆锥面包由一大一小的两个圆形面包堆叠而成，其特殊的形状就是该面包的主要特征。

圆锥面包已经存在了几百年，但其起源与名字由来均无从考证。有传言说，是一位名叫伊丽莎白·戴维的主妇在使用老式烤箱烘焙面包时，为了节省空间，意外地做出了圆锥面包。然而直到19世纪中叶，圆锥面包的名字才第一次出现，而在那时，圆锥面包很可能是以一种长方形的形式出现的。

曾经，圆锥面包在伦敦很常见，但因其费时费力且不易切片，现在的面包房已很少制作。

类型： lean 系

主要谷物： 小麦粉

16. English Muffin 英式松饼

在低地德语中，"Muffin"是"小蛋糕"的意思，正如其名，英式松饼是一个由小麦粉、糖、酵母、油脂、牛奶制成的圆形小面包，在英国、澳大利亚、加拿大、新西兰，都很常见。20世纪时，英国最主流的吃法是在早餐时将松饼与肉类、鸡蛋或奶酪搭配食用。

1874年，塞缪尔·巴思·托马斯（Samuel Bath Thomas）从英国移居到纽约开了一家面包店，以面粉、水和酵母为原材料，用平底锅做出了所谓的"烤松饼"。与现在的松饼相比，托马斯烤松饼更薄一些。后来，平底锅被换成了烤箱，而托马斯也被认为是英式松饼的创始者。

类型： lean 系

主要谷物： 小麦粉

17. 英国 Scone 司康

司康诞生于18世纪的英国，最初是因贵族阶层的下午茶开始流行。当时的司康，指的是用燕麦制作，以铁板煎烤而成的薄饼，后来逐渐演变成今天这种使用小麦粉、泡打粉，并加入黄油、牛奶、砂糖等的烘烤点心。在英国，享用司康时通常会涂抹德文郡奶油和果酱，因为司康本身甜度很低。

类型： rich 系

主要谷物： 小麦粉

俄式黑麦面包

俄罗斯的黑麦面包，由黑麦粉、小麦粉、全麦粉、酵母、盐、大麦麦芽糖、黑糖蜜和香菜籽制成。按照标准，黑麦面包中全谷物面粉不可少于总重量的 80%。俄式黑麦面包的制法十分特别，首先使用接近沸点的水稀释面粉，然后在冷却后加入酵母进行长时间低温发酵，最后烘烤。黑糖蜜的作用在于为面包增添更浓重的颜色，香菜籽则是必选的调味料。

俄式黑麦面包的名字第一次出现是在 1917 年后，关于它的起源，有一种十分流行但未被证实的传说。玛格丽特（Margarita Tuchkova）的丈夫死在博罗季诺战役中，之后，玛格丽特在曾经的战场上建造了一所修道院。为了进行哀悼活动，玛格丽特创造出了这种具有浓烈黑暗色彩的面包。

类型：lean 系

主要谷物：黑麦粉、小麦粉、全麦粉

21. 瑞典 Cinnamon Roll 肉桂卷

肉桂卷起源自瑞典，是一种由面粉、肉桂粉、糖、黄油、小豆蔻制成的面包，欧美地区经常会撒糖粉、淋奶油或是乳酪以增加口感。肉桂卷有着浓浓的肉桂香，口感偏甜，大小则因地而异。肉桂卷通常都是直径为 5 厘米或 10 厘米的小面包，但在芬兰也可以看到直径为 20 厘米、重 200 克的大肉桂卷。

类型：rich 系

主要谷物：小麦粉

18. 波兰 Bagel 贝果

贝果又称百吉饼，形状很像甜甜圈，又因其形似马镫，便得到 Bagel（马镫）之名。制作贝果首先要将发酵后的小麦面团捏成圆环状，低温发酵至少 12 小时，在加入蜂蜜的沸水中煮片刻，捞出后高温烘烤即可。经过这种独特的烘焙之后，贝果表面色泽深厚，口感松脆，充满嚼劲，可搭配多种配料食用，如芝麻、洋葱、乳酪、三文鱼等。

关于贝果的起源，最常见的说法是为了纪念 1683 年波兰国王在维也纳之战中的胜利，波兰人做出了这种马蹄形面包。不过作家 Leo Rosten（利奥·罗斯滕）认为，贝果的出现还要在那之前，因为在 1610 年克拉科夫市的《社区条例》中提到，人们把贝果作为礼物送给产后的妇女。

但贝果的真正流行，是从美国开始。1900 年前后，移民美国的犹太人将贝果制法和工艺一并传入美国，这种不含油脂的健康面包立即获得广泛欢迎，成为美国家庭经常食用的面包之一。

类型：lean 系

主要谷物：小麦粉

19. 中东 Pita 皮塔饼

皮塔饼是一种圆形蓬松的口袋状面包，广泛流行于地中海地区和中东地区。皮塔饼主要由面粉和水制成，烘焙皮塔饼时，需要将其置于 230℃ 的高温下，使面团膨胀，冷却后，面饼便恢复扁平状，中间则留下一个似口袋的空间。皮塔饼的馅料十分多样，南瓜、奶酪、洋葱、肉、茄子、奶油等均可做馅。皮塔饼的其他吃法便是用于舀调料，或搭配鹰嘴豆泥，或裹肉串食用。

类型：lean 系

主要谷物：小麦粉

All About The Ingredients of Bread

白案上的舞蹈：
面包的主料与配料

△ **路遥、陈晗 | text**
△ **Ricky | illustration**
△ **Dora | photo**

　　面包的原材料直接影响着面包的呈现样貌、口感以及健康程度，要想制作好面包，每一种选料都极其重要。如何使得制作的面包按照不同的类型呈现出更好的状态？面粉、酵母、盐、水、油脂、糖、牛奶、鸡蛋，样样都需要严挑细选，绝非易事。

面粉 Flour [主料]

高筋面粉 Bread Flour

多用于制作面包，颜色略深，手感光滑，粉质及面筋量均适宜制作面包，蛋白质含量高，是最适合新手烘焙的面粉。

中筋面粉 Middle Gluten Flour

颜色较白，粉质稀松，是最常用面粉，适宜制作馒头、包子等，蛋白质含量中等。

低筋面粉 Low Gluten Flour

颜色纯白，易揉捏成团，易成型，多用于制作蛋糕、西点，蛋白质含量低。

全麦面粉 Whole Wheat Flour

由小麦制成，含少量麸皮，口感粗糙，麦香浓郁，热量低。多用于制作全麦面包，根据烘焙师技艺及原材料的不等，全麦面包最高可达 100% 全麦，口感偏硬，气孔较大。

裸麦面粉 Rye Flour

又称黑麦面粉，由黑麦磨制而成，焙烤的面包口感比较紧实，面筋生成较少，常用于制作黑麦面包或全谷物面包，呈现的颜色较深。

燕麦面粉 Oat Flour

多用于杂粮面包，口感细致，富含膳食纤维。燕麦面包呈现的口感较一般面包偏硬，多用于制作乡村面包。

酵母 Yeast ［主料］

发酵是什么？

发酵，其实是酵母的一系列活动所引发的现象。在做面包时，通过小麦粉与水的科学混合，小麦粉中含有的酶，会将淀粉分解为糖，并给予面团以延展性和弹性。同时，砂糖也会被酶分解为葡萄糖，继而被酵母消化，生成二氧化碳与酒精。生成的二氧化碳气泡会被包裹在面团内部的面筋组织之内，并将面团逐步充大。酵母会持续不断地发挥作用，生成二氧化碳，令面团发酵变大，直到酵母环境温度超过60℃。

酵母存在于空气、水、水果皮、谷物等生活中的许多角落，它是一种生命体，当环境温度与湿度达到一定条件，就会开始发酵。酵母种类繁多，古往今来，利用酵母制作的食品也数不胜数：面包、酱油、酒、奶酪……发酵类食物似乎都有一些共通的魅力，而呈现出那种魅力的关键所在，就是酵母。

如今的面包制作，通常会使用两类酵母：一类是市售酵母，包括鲜酵母、活性干酵母、快速干酵母等。另一类是自家制的天然酵母。

想要增加面包中的酵母菌，需要有砂糖中含有的葡萄糖等营养源、水、适宜的温度与湿度。这些条件具备了，面团才能开始发酵，发酵时面筋之间会产生无数二氧化碳气泡，这些气泡会随着温度上升而逐渐膨胀。面团在内部的压力之下变大，最终变为充满弹性的面团。通常，发酵后的面团在开始烘烤之后，也会继续发酵一段时间，正因如此，才令最终出炉的面包拥有一定的体积与蓬松的口感。

#1 市售酵母 Wild Yeast

鲜酵母 Fresh Yeast

用途广泛，尤其适用于砂糖含量较多的面团。因具有耐低温属性，也适用于长期冷藏或冷冻保存的面团。保质期约在 2 周左右。

适用面包：甜面包、布里欧修、白吐司等甜度较高的面包等。

活性干酵母 Dry Yeast

鲜酵母经干燥并制成粒状的酵母。因水分较少，可以长期保存。使用前需先浸泡在温水中提前发酵。不适用于糖度较高的面包。保质期在半年左右。

适用面包：法棍等甜度很低的法式面包。

快速干酵母 Instant Dry Yeast

快速干酵母呈浅棕色细小颗粒状。使用前无须提前发酵，可直接揉入面粉中混合，因发酵力很强，新手也可以轻松操作。通常也分为耐糖与不耐糖两类，可根据想做的面包类型随意挑选。

适用面包：吐司、甜面包、lean 系面包等所有面包都适用。

#2
天然酵母
Wild Yeast

与市售的面包用单一酵母相对的是，天然酵母中不仅包含各种酵母，也混杂有多种乳酸菌、醋酸菌等菌类。因此发酵时间也会较长，保存条件也比较严苛，但却能为食物增添非常天然的野生酵母风味。

天然酵母也大体分为干天然酵母和自家制天然酵母两大类，进一步细分，还有以下几种类别：

Fermented Raisins

葡萄干酵种

原料：葡萄干与糖

特征：发酵力比一般酵母要弱，但带有葡萄干的微甜风味

适用：加入果干的面包等

Sour Dough

酸面团酵种

原料：黑麦粉

特征：将水与黑麦混合即可制作出来，拥有独特酸味

适用：黑麦面包

Beer Brewing

啤酒花酵种

原料：啤酒花与酒曲

特征：发酵力比较稳定，颜色浅白，带有微微的苦味与酒精味

适用：黄油包等简单的餐包

Fruit Fermentation

水果酵种

原料：水果与糖

特征：发酵能力比较弱，带有微微果香

适用：甜面包等

Yogurt Fermentation

酸奶酵种

原料：酸奶、高筋粉与糖

特征：发酵能力很强，带有微酸且清爽的风味

适用：法式面包、乡村面包等

guide

白案上的舞蹈：面包的主料与配料

如何自制天然酵母？

[准备]

已消毒透明容器 1 个、未增白高筋面粉、纯净水　　室温：22~28℃

[步骤 1　第一阶段]

将 1/2 杯面粉、1/4 杯水混合，搅拌均匀，倒入容器，盖上保鲜膜，置于室温中。

 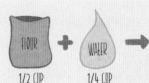

[步骤 2　12 小时后]

容器中的面糊出现气泡，并产生类似腐坏牛奶的气味。重复步骤 1。

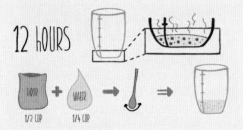

[步骤 3　又 12 小时后]

倒掉容器中一半面糊，重复步骤 1。之后，将步骤 3 每 12 小时重复一次。

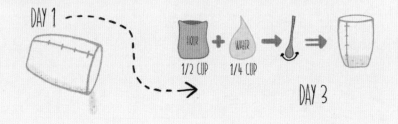

保存法：

做好的天然酵种可密封冷藏保存 2 个月，冷冻保存 6 个月。冷冻保存时，使用前需提前 3 天将其移至冷藏室解冻。每次使用前，都需按照步骤 3 进行喂养，待酵种活跃并膨胀至 2 倍大后再使用。

[第 4~5 天]

容器中可能仍无明显变化。别泄气，细菌正在死亡，酵母正准备苏醒。

[第 6~8 天]

面糊膨胀至约两倍大小，容器中充满生命力，自制天然酵种完成。之后只需持续喂养，你就能拥有用不尽的天然酵母。

#3

泡打粉与小苏打
Wild Yeast

除了酵母以外,根据面包的不同种类,有时也可使用泡打粉与小苏打替代酵母。这两种添加剂都无须发酵,可以大大节约制作时间,能够轻松制作一些快速面包,比如司康、玛芬、蒸面包(如中国的馒头花卷)等。

泡打粉

小苏打

食盐 Salt ［主料］

食盐的作用首先是作为调味料,为面包增添适度的咸味。其次盐有杀菌作用,可帮助面团在发酵过程中不受到有害菌的侵害,抑制面团发酸变腐。但为保证酵母不受食盐的影响而脱水死亡,需要注意加面粉、酵母、水和盐的顺序,避免酵母与盐直接接触。盐也有助于保持面筋的稳定性,可增加面筋韧性与面包嚼劲。食盐同时可以调节发酵速度,如夏天温度过高时,可适当多加盐,抑制酵母活动,减缓面团的发酵速度。

精制食盐 Refined Salt

颗粒细密,来源为海盐、井盐、湖盐、岩盐等,溶解程度均属于中等速度,咸度高于味觉舒适程度。通过卤化等工序提纯后,精制食盐常加入诸多添加剂,可以防止结块,也有些添加了碘、铁等微量元素。面包制作过程中多使用精制食盐,雪白的精制食盐在给面包上色的同时,增加面包的面筋量,稳定面包的发酵进程。

粗盐 Coarse Salt

属于粗制盐,富含矿物质,颗粒较粗,适宜烹制海产。粗盐在面包的烹饪过程中往往多用于硬面包,尤其是德国纽结面包 Brezel,焙烤后会在表面撒上一层粗盐。大颗粒往往不易溶解,因而浮在 Brezel 的表面,形成一层粗盐粒。

海盐 Sea Salt

海盐具有极丰富的矿物质,纯净度较高。可以平衡体内的电解质,帮助身体调节水分,可为料理增加鲜美风味。海盐除去发挥普通食盐应有的效果,也为面包增加矿物质风味,咸鲜十足。

水 Water ［主料］

水与面粉中的蛋白质结合,才能形成对于面包来说至关重要的麸质,因此水是必不可少的主料之一。推荐使用含有些许矿物质的水,或较硬质的水,能使麸质更加强韧。

油脂 Oil ^[配料]

面包很难离开油脂，尽管现代人越来越多地提倡低盐少油，但烘焙面包的过程中油脂绝对是不能缺少的。油脂在使面包更为酥软的同时，也能增添面团内部的滋润度、面包的营养以及面包的体积。不可否认的是，油脂给面包带来除麦香之外的香味，将面包的表皮变得更为柔软、油亮、光滑，但油脂会阻碍面筋生成，并非所有面包都适合加入大量油脂。

guide

舌尖上的舞蹈：面包的主料与配料

植物油 Plant Oil

大豆油、花生油、橄榄油等，多为植物提取，多呈液态。植物油制作的面包区别于黄油、动物油的浓郁，口感清爽。液态植物油在揉进面团时，易遇到面、油分离的状况，可以加入少量面粉调制成面糊后，加入面团。植物油可以赋予面团足够的水分和锁住面团的水分，减缓面团老化进程。植物油的低脂、高营养也成为其被广泛应用于面包烘焙中的原因之一。

适用面包：多用于日式面包。

动物油 Animal Oil

猪油、牛油等，气味略重，品相厚重，多呈固态，易凝结，在温度较高时会溶化。动物油气味略重，且具备脂肪的可塑性，可以令面团更易加工。动物油的饱和脂肪酸与面团的纤维结构更加相配，且具备更高的耐热性。

适用面包：气味较重的乡村面包。

起酥油 Shortening

脂肪含量接近100%，多用于烘焙，样态不同，呈固态、液态及粉末状，可以帮助面包锁住水分，常用于制作酥皮面包。起酥油具备一定的可塑性及乳化性，可使蛋白质不变硬，软化其结构的同时，改善面包的口感。同时起酥油可以防止面包老化，改善面团的可塑性、可加工性。

适用面包：各类面包均适用。

黄油 Butter

牛奶中提取的油脂，分为含盐和不含盐两种，多用于西餐烹饪。因为黄油源于奶质，是将新鲜牛奶搅匀滤去水分提取上层的黏稠物，因而含脂量、营养价值极高，口味也更加浓郁。要想将面包烤制出奶香味，黄油必不可少。

适用面包：日式面包及软欧包。

●●

牛奶 Milk ^[配料]

制作面团时，可将部分水替换为牛奶。牛奶中的乳糖经过烘烤后会焦糖化，赋予面包诱人色泽的同时，可增添淡淡奶香。

鸡蛋 Egg ^[配料]

可为面团添加柔和风味与细腻口感。也可用于刷面，增加面包表面光泽。

糖 Sugar [配料]

糖在面包制作过程中必不可少。除了增加面包的甜味以外，烘焙过程中糖将显现出第二特性，即变酸，甚至变苦，这个过程将面包的风味发挥至极致。发酵前糖提供养料给酵母，作为酵母的发酵源，糖将面包变得饱满而具有嚼劲。因为糖可以改变蛋白质的结构，使得面包内部的气孔不被黏腻的网状结构所堵住，因而增加了面包内部的空气感，将面包的口感变得松软不黏腻。并且，一定的含糖量，才能使面包烤出美丽的金棕色表皮。

细砂糖 Granulated Sugar

颗粒细密，颜色洁白，烘焙中常用糖类之一。巩固面团的稳定性、将面团空气感维持在松软的态势下，是细砂糖最重要的功能。适合烘焙口感细腻的黄油面包。

黑糖 Dark Brown Sugar

属于提取红糖前的形态，颜色较深，颗粒略粗，呈深褐色及浅黑色，杂质含量较多，甜味中夹杂着些微焦香味。呈现的焦糖风味浓郁，适合烘焙日式面包。红糖也适合做面包，属于精制糖类，水分含量较高，易结块，颗粒粗糙，甜味舒适。红糖面包呈现的口感较重，同时会加深面包的颜色。

黄砂糖 Light Brown Sugar

颜色偏浅，呈淡黄色，多用于烘焙，是红糖最普遍的品种之一，颗粒细致。风味较普通蔗糖更加复杂，略带有咸味及苦味，根据面包的烘焙过程，呈现出焦糖色及焦糖口味，适合烘焙深色面包。

糖粉 Powdered Sugar

颗粒极细，呈白色，多用作烘焙，可制作各式饼干、甜点。糖粉广泛用于口感细腻的日式面包，也多用于面包完成后的撒粉、调味。

枫糖浆 Maple Syrup

枫树汁液提取物，呈现微酸口感，多用于西餐烹饪调味，多搭配华夫饼、面包。枫糖浆气味上呈现出枫叶清香，糖度略低于蜂蜜，可烘焙软欧包及日式面包。

蜂蜜 Honey

源于花粉，多用于烘焙健康低卡面包，味道香醇，偏甜，易结晶。蜂蜜的保水性高于糖类，可有效保持面团的水分。蜂蜜可阻止面包变味，呈现一定酸度的同时，与小苏打可起反应，加快面包的发酵进程。烘焙面包时淋上蜂蜜不仅可以调味，同时可加速面包表皮的变色，令面包呈现出金棕色的饱满色泽。多适用于烘焙日式面包及软欧包。

The Manual of Making Bread at Home

最简家庭面包操作手册

△ 陈晗 | edit
△ 王姝一、D | photo

　　面包制作，通常因面包种类不同而有多种做法，并不完全相同。但基本上可以分为将所有材料一次性混合发酵的直接法，以及需额外添加一些酵种的非直接法。

[一]

以最常见的直接法为例，面包制作通常需要以下流程：

[Step1] 和面

将所有原材料混合成面团，是制作面包的第一步。不只是混合，还需将面团在案板或操作台上反复推揉，使其产生黏性与弹力，用手拉开一小块面团可出现薄膜。如果不想手揉，此步也可使用厨师机或面包机等。

专业面包师通常会使用百分比配方单，每种面包食谱都会配有各种材料的使用百分比。但需注意的是，所有材料的总百分比并非100%，面粉总用量才是100%，其他材料都需以面粉用量为基准，推算出单独的百分比。

比如一款乡村面包的百分比配方是：

中种面团169%、高筋面粉85%、全谷物面粉16%、盐2%、快速干酵母1%、水63%

所以这款面包的总百分比是：336%

[Step2] 一次发酵

将揉好的面团放入发酵碗中，盖上保鲜膜，防止面团表面在发酵过程中变干。将碗放置于30~40℃的环境中，最有利于酵母活动。当面团发酵至2~3倍大时即可。

[Step3] 排气

在一次发酵过程中，也可以每隔30分钟左右为面团排一次气，并翻转一次面团。这样做不仅能令面团中的气泡更细致，也能起到对面筋的刺激作用，使其更强韧。并且新的空气进入，可以进一步促进发酵活动。待面团彻底发酵至原本的2~3倍大小之后取出，切分之前需再次排气。

[Step4] 切分、揉圆

用刮板将发酵并排气后的面团切分成需要的大小与数量。每块切分后的面团再轻轻按压成饼，排出多余气体，之后将面饼四周向中间折叠，中心接缝捏实，将面团翻转，使接缝朝下，用双手将面团从上向下拢合拉伸成球，至表面紧绷即可。

最简家庭面包操作手册

[Step5] 整形

根据要做的面包类型，在这个阶段对面包进行最终整形。整形时通常需要进行一些折叠，一方面将多余气体排出，另一方面添加进适量的新空气。整个动作需要流畅连贯快速，因为刚松弛过的面团十分柔软。如果是需用到模具的面包，也应在这一环节将整形好的面团放入模具。

[Step6] 松弛

整形为球状的小面团，正处于非常紧绷的状态，为了更易于对它进一步整形，需先放置并松弛一段时间，大约需 15~20 分钟。

[Step7] 二次发酵（最终发酵）

整形后需进行最后一次发酵，令面团再次膨胀到 1.5~2倍大小。发酵条件也因面包种类而异，通常温度是在 32~38℃，时间约 1小时。发酵过头会导致面团回缩，因此一定要注意观察面团的状态。

TIPS: 如何在家烤出专业欧式面包？

1. 使用烘焙石板：可以起到维持温度稳定与吸水的作用。
2. 人工制造蒸汽：为使面包表皮形成较佳口感与色泽，可以提前在烤箱底部放置烤盘预热。将面团放入烤箱的同时，往底部烤盘内倒入热水，制造蒸汽，并快速关上烤箱门。

[Step8] 割包、刷面

割包并不是必需的步骤，它的目的主要有两个：一是为了控制面包经烘烤后表面裂口的样子；二是为了给面包制作出独特的外观。割包需在最终发酵后进行。

刷面是为了令烤好的面包表面更具光泽，也不是必需的步骤。水、鸡蛋液、黄油、面粉、重奶油都可以是刷面材料，用它们刷出来的表皮效果各有特点。

[Step9] 烘焙

烤箱一定要提前预热，并且因为烤箱在每次打开时，内部温度都会骤降 14~28℃，预热温度稍微调高 15~28℃ 就很有必要。将面团放入烤箱后，再立刻将温度调至预期温度。烘烤过程中也应随时观察面包的表面上色和膨胀状态，灵活调整温度和烘焙时间。也可用速读温度计插入面包内部，中心温度如果达到 93~100℃ 之间，说明面包已充分烤熟。

[Step10] 冷却

烘焙完成，并不等于面包制作流程结束。要让烤好的面包美味，还需一个非常关键的环节，就是冷却。冷却时面包的多余水分会蒸发，蛋白质凝固，内部结构变得稳定，软塌塌的表皮也变得酥脆。

[Step11] 保存

冷却后的面包，如果会在一两天内吃完，可以将面包放入牛皮纸袋中室温保存，如果是在塑料保鲜袋中保存，表皮会因袋内水蒸气而变软。但如果你只有塑料保鲜袋，也不用担心表皮变软的问题，只需在下次食用前，用烤箱烘烤 10分钟左右（具体温度依面包种类而定，约在180~200℃），面包表皮就会恢复酥脆。

如果你不会立刻吃完，需要保存一段时间，一定要密封冷冻，而非冷藏，冷藏会令面包快速老化。每次食用前，将面包取出，室温解冻几小时，再用烤箱烘烤十几分钟即可（视具体面包大小及种类而定）。

[二] 面包基本发酵法

>> ONE 直接法：

直接法就是将所有材料一次性混合，直至烘烤完成。

优点：操作程序比较简单，适合新手。全部所需时间相对来说较短。

缺点：事先准备的材料与操作过程细节会直接影响最终成果。与其他制法相比，直接法制作的面包老化速度较快。

>> TWO 中种法：

提前取制作所需的面粉量的50%，与水和酵母混合，制成酵种，之后再加入其他材料一起和面。

优点：烤出来的面包通常较有分量。原材料和操作过程对最终成果的影响较小。面包老化速度较慢。

缺点：程序较多，花费时间。制作中需要给中种以充足的发酵空间。

>> THREE 酸面团法：

这种方法主要用于制作黑麦面包时。酸面团酵头通常是用黑麦粉与水混合而生成的天然酵种，因黑麦较难生成面筋，为了更适宜多数面包的制作需求，之后可以用白面粉来继续"喂养"酵头。但德国仍然用100%的黑麦粉来制作和喂养酸面团酵头，并用此酵头制作他们的绝大多数黑麦面包。

优点：提升面包风味与口感，有效抑制老化，使面包便于保存。

缺点：制作酸面团酵种需花费较多时间。

>> FOUR 波兰酵头：

制作面包所需小麦粉中取20%~40%，与同等重量的水和少量酵母混合，制成的液态酵种。

优点：酵种的制作和保存都很简单，制成的面包老化速度较慢。

缺点：因水分较多，需注意卫生问题。

>> FIVE 老面法：

将加入了酵母的面团，低温冷藏发酵10~15个小时，之后将它以10%~30%的比重混入新面团。

优点：老面法发酵的面团酸甜风味兼备，适用于制作吐司、法式面包、馒头和花卷等。

>> SIX 汤种法：

与波兰酵头接近，都属液态酵头。汤种制法也比较简单，将20克高筋粉与100克水在煮锅中混合，置于火上，小火加热，不停搅拌，至面糊状，离火，放入冰箱冷藏过夜。

>> SEVEN 过夜冷藏发酵：

填馅类或含油脂较多的面团，适宜采用此种发酵方式：将添加了活性干酵母或速发干酵母的面团放入冰箱中冷藏发酵10~15个小时。因为冷藏后的油脂类面团，更易于进一步处理或整形。

缺点：过夜冷藏发酵很容易令面团发酸，要注意温度和卫生管理。

guide

SanSan ｜ 无论欧式、日式，我只想一辈子做面包

I'll bake bread for all my life.

无论欧式、日式，
我只想一辈子做面包

△ SanSan | text
△ 路遥 | edit
△ 知乎、SanSan | photo courtesy

我很爱吃面包。比起吃，我更喜欢双手培育出面包的感觉，那像是在迎接一个生命的诞生。除了做面包，我从来没有想过人生有第二条路可以选择。做面包使我简单纯粹，我很喜欢这样的状态，能一辈子去做喜欢的事情，何乐而不为？

我是从做日式面包开始的，目前国内市面上的面包，简单地可以分为欧式面包、日式面包两种，两者的原料、制作手法、呈现口感、使用场景均有不同，却又相互交联。东西方的味觉不同，评定一个好面包的标准也不同，欧式面包与日式面包总是拥有他们独特的受众，同时也不乏大众的广泛喜爱。

面包犹如人，不同的配料、烘焙方式、发酵时间都会呈现不同的口感，至于欧式面包与日式面包，就像是两个迥然不同又彼此相知的密友。

SanSan:

⊙ 东京，日本。

— 面包烘焙师、面包店店主，日本东京蓝带学校甜点师毕业。

原料是面包的灵魂

欧式面包偏重凸显小麦的原始风味与口感，制作过程中只使用小麦、水、盐及酵母这些最主要的原料，口味开发也更多是在原料上面动心思。例如使用更多的杂粮，将谷物风味和小麦麸皮或胚芽加入面包，这也是欧式面包被健身人士和钟情于原麦风味的人们奉为经典的缘故。欧式面包可以空口吃，也可以再做二次加工与搭配。比如 Panini（帕尼尼，意大利传统三明治）、法棍三明治、汉堡包、火腿可颂等等。

原麦风味的欧式面包中最经典的要属法棍（Baguette），它是法国家庭最常见的面包，呈细长形，成品散发浓浓的小麦香气。外壳微焦呈金褐色为上品，刚出炉时会发出外皮逆裂的松脆声。法棍只使用最基本的原料，口感纯粹，麦香四溢。法棍的发酵程度非常重要，冷却后的法棍外壳十分酥脆，内部柔软但有嚼劲，层次丰富，令人惊艳。因为法棍的面包皮较厚，内部却有很多不规则的气孔，视觉呈现厚重感，但实际上分量很轻。

日式面包的发明和学习源于美国。早期日本的面包非常美式，第二次世界大战后，美国为日本送来的大量小麦粉，令日本面包界迎来了一波小高潮。美式面包由欧洲移民带往美洲大陆，美式餐饮不像法餐那么精致，所以美式面包没有独立出来自成一个体系，而是习惯搭配成日常的三明治、热狗、汉堡等。

日式面包非常注重面粉和不同配料的配搭组合，通过食材去整合面包的口感，形成了日式面包的独特风物诗。比如日式的可乐饼面包、炸虾面包等，跟面包一同烤制成型，并为此会在面包的配方上做文章使材料更加搭配。被作为学生餐大量提供的面包棒（コッペパン），它的样子跟美式的热狗面包如出一辙，是昭和后期所有日本人的回忆。在很多昭和时代传承下来的老餐厅里，还是能吃到这种味道的面包。

制作手法和呈现的口感

1. SanSan 正在冷冻面团。

2. SanSan 将面粉放入面缸打面。

3. SanSan 正在给法棍割包，这是做出一根好法棍的重要步骤，用手的触感去判断下刀的深浅。

4. SanSan 在处理发酵好的面团准备焙烤。

1	2
3	4

　　欧式面包讲究通过长时间的发酵和高温烤制来引出小麦的原始香气，组织稳固，口感粗糙、紧实、有韧性。英式吐司（English Bread），典型的英式餐桌面包，使用 100% 高筋面粉，切成 7~8 毫米的薄片，微烤双面，是典型英国流派的吐司吃法。最经典的 B. L. T.（培根、卷心菜、番茄）就是很常见的英式三明治。口感轻盈，非常具有韧性，组织也非常紧密，外壳较为坚硬，还有欧式吐司常见的皲裂状。

　　同样是吐司，日本的角食吐司（角食パン）跟英式吐司不同，它口感松软，触感柔软，弹力适度。外皮金黄，光泽均一，内部色调明快，适合搭配炸物、鸡蛋、果酱、黄油。有些在模具盖上烤制时，会打上蒸汽，使得面包整体的口感更湿润，烤出来会有明显的发酵味道。

　　在日本，松软的日式吐司一直努力维持着主食面包的地位。吐司卖得好坏与否，是衡量面包房水平的一个重要指标。弥生时代，日本引进了中国的面食蒸点文化，即面团自然发酵后蒸熟。发展至今，他们也会通过使用面包改良剂来改善面包的口感，使之更加松软、绵密、富有空气感。

食用的场景

在欧洲，面包更注重作为主食与菜肴、酒类搭配，趋向适合于餐桌的配餐（比如法棍配红酒鹅肝，佛卡夏搭配意大利黑醋等等）。面包之于西方世界，就像米饭之于东方世界。

夏巴塔（Ciabatta），意大利北部原产面包，是目前在欧洲各国非常流行的主食面包，形状扁平，表皮略薄，面心包裹大量气泡，富有咀嚼感，十分契合大量使用橄榄油的意大利料理。意大利和法国的情况相似，lean（简约）系和 rich（丰富）系的面包各领风骚。意大利菜肴口味偏重，所以作为主食的面包通常很清淡，很多甚至不加盐。

_椒盐脆饼（Brezel）_是德国面包房里的标志物，形状独特，既可作为主食，也是德国的啤酒伴侣。主原料小麦粉中混入 5% 左右的黑麦粉，揉成面团，再放入溶有苛性碱的水中浸泡，而后烤制。它的口感偏硬，组织紧实，外层的粗盐为它增加了风味。

日式面包既有偏重主食的场景，也有偏向独立食用的场景。它可以是一顿饭、一份零食、一份甜品，在人们生活中占了非常大的比重。最受欢迎的红豆包（あんパン）拥有酒种的发酵香和红豆的甘甜，跟抹茶、日本茶、红茶、牛奶等非常合拍。而另一种日式面包菠萝包（メロンパン），又称蜜瓜包，在生面团上覆盖一层曲奇或饼干后再烤制。Topping（糕点顶部的装饰配料）是饼干口感的面团，用麦淇淋、砂糖搅打发白，加入鸡蛋、小麦粉和泡打粉轻轻混合，花上一天一夜冷藏熟制，在关西也经常做成杏仁型。这种覆盖了饼干口感面团的面包有时候也被叫作"Sunrise"。好的面包师不用泡打粉，以无盐动物黄油和杏仁粉为主役，成型

也变得更考验功夫。

跟欧洲人抱着装满了面包的大牛皮纸袋不同，在日本生活的人，会在上班、上学的路上随手买一个红豆包、奶油面包，作为休息时的小零食。这些面包中含有牛奶、砂糖等营养成分，好吃且能补充能量，因而深受日本人的喜爱。

另一方面，随着技术的交流和进步，加上注重健康和营养的人们越来越多，原来喜欢亚洲系松软风格的日本人，也尝试着去爱上欧式面包。而欧式面包貌不惊人但回味悠长的特点，也让更多人在尝试的过程中，慢慢爱上它的美味。

日式面包，在源头上结合了中国的蒸煮元素，在起步发展阶段，因为深刻的历史原因，受到美式面包以及快餐文化的诸多影响，几款经典或常见的基础日式面包，都在不经意间透出美国风格，比如面包棒之于热狗面胚，角食之于 Pullman（普尔曼面包，把面团排列摆放在方盒模具中整形），等等。产品上渐渐形成既符合亚洲人主食要求的松软面包，也更偏向独立食用的场景，拥有与欧式面包区别度很高的特征。在主食的基础上，也兼顾了甜品、点心、零食或者代餐的角色。面团跟副原料的比重相当，甚至有时候只是作为某种食材的陪衬出现。

饮食的历史不断发展，技术和文化也不断交融。除了食材的运用，未来在技术领域中，所谓的欧式、日式，也许界限会更加不分明。但饮食文化就是这样，多元化了解和学习，拓宽自己视野的同时，味蕾的接受度也悄悄地被放大了，这是一件幸事。无论是欧式还是日式，我只想一辈子做面包。

guide

SanSan｜无论欧式、日式，我只想一辈子做面包

1. SanSan 制作的日式面包中的松软系黄油吐司。

2. 刚出炉的法棍，香气四溢，能听到外皮迸裂的松脆声。

3. Brioche（布里欧修），经典的法式面包，外皮酥脆，内里柔软，口感层次丰富。

SanSan 教你三种基本面包整形法

△ 球形

[STEP1] 揉搓面团，将其大致整形成球形。

[STEP2] 增加面团表面的张力，拉伸表面使其呈椭圆形，重复数次。

[STEP3] 将椭圆形的两端收拢，形成球形面团，重复捏紧面团底部接缝，以增加面团表面的张力。

[STEP4] 静置醒发。

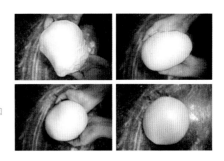

△ 纺锤形

[STEP1] 将圆形面团拍成长椭圆形，增加面团表面张力。

[STEP2] 四指用力，将面团两角折叠至面团中心，面团重合的部分，做纺锤的心。

[STEP3] 将剩余的部分折到面团上，四指用力，将面团接缝挤压按平，增加面团表面张力。

[STEP4] 将面团接缝翻转至面团底部，塑形成纺锤形，静置醒发即可。

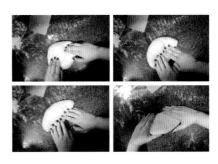

△ 法棍形

[STEP1] 将面团拍成长方形，从面团的 2/3 处收口按压，增加面团的表面张力。

[STEP2] 反方向同理。

[STEP3] 紧贴工作台，压实面团收口，由面团的中段至两端滚动，搓长面团，增加表面张力。

[STEP4] 重复滚动面团将其搓长，静置醒发即可。

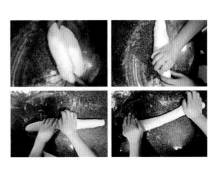

Baking make life happier.

烘焙是让生活更幸福的事

△ 王蕊｜interview & edit
△ 王姝一、陈晗｜photo
△ Angela、i 烘焙｜特别协力

Cony:

◎ 北京，中国
— i 烘焙创始人之一。

"有着九年烘焙经验的理工女。"这是 Cony 名片上的描述。说起与烘焙的故事，要追溯到
Cony 大学毕业的时候。毕业后的 Cony，先是成了一名财经记者。当时工作压力极大，为了缓解工
作紧张，Cony 开始在业余时间烘焙，并深深地喜欢上了烘焙。选择烘焙而非烹饪，也是因为 Cony
那时的家中没有煤气，只能使用电。虽然 Cony 现在已经可以做出很多完美的面包、点心，但一开始时，
她也走了很多弯路，做面包就曾经令她很痛苦。"因为面包需要你付出足够的耐心，需要不断地去
磨合与面包的熟悉度。"Cony 说。

Cony 最爱的面包，是原料简单健康的法棍，原因是法棍变化空间大，可发挥许多创意。Cony
能用法棍做出各种甜点、早餐、下午茶，在 Cony 的手中，法棍可以千变万化。

谈到制作甜品与面包的区别，Cony 说："二者门槛不同。做甜品较易上手，一些基础款的可口甜点，
新手也能做好。而面包则需要一定门槛。没有任何经验的新手，可以说是不太可能做出好面包的。"
但所有事物均是熟能生巧，Cony 为烘焙爱好者提供了一个做好面包的诀窍：体验完整过程，仔细
观察每一个环节。Cony 说："当你完整地体验并观察过做面包的每一个环节后，你便可以找到好
与坏的临界点。"

两年前，Cony 做了个勇敢的决定：辞职，创立跟烘焙有关的自媒体，彻底将兴趣变成工作。
当问她坚持这项事业的动力和理由，她不假思索地答道："烘焙是能让生活更加幸福的事。我想做的，
就是把这种幸福感传递给更多的人。"

◇◇

Whole Wheat Toast

–

全麦吐司

—

Whole Wheat Toast

🕐 *4H*   🍴 *FEED 4*

食材

·

高筋粉 / 180 克
全麦粉 / 70 克
小麦麸 / 10 克
干酵母 / 3 克
水 / 160 毫升
盐 / 3 克
砂糖 / 30 克
黄油（融化）/ 20 克

做法

STEP [1]
将高筋粉、全麦粉、小麦麸、
干酵母、水、盐、砂糖、黄油
放入厨师机，中档揉面 20 分
钟，放在温暖处（28~30℃）
进行一次发酵，至面团变成两
倍大，约 50 分钟。

STEP [2]
将面团切成 3 份，每份擀成
长饼状，卷起，盖保鲜膜松弛
10 分钟。

STEP [3]
整形后将面团放入吐司模具，
在温暖处进行二次发酵，约
80 分钟。

STEP [4]
烤箱 180℃预热 16 分钟，烤
制 50 分钟，烤制过程中，待
吐司表面上色后加盖锡纸。

No Knead Cinnamon Roll

免揉肉桂卷包

—

No Knead Cinnamon Roll

🕐 1H25MIN　🍴 FEED 4

食材

·

高筋粉 / 200 克
牛奶（加热到 30~40℃）
/ 127 毫升
黄油（提前融化）/ 27 克

A
干酵母 / 4 克
细砂糖 / 50 克
鸡蛋 / 半个

B
黄油（融化）/ 14 克
细砂糖 / 20 克
肉桂粉 / 适量

C
鸡蛋（打散）/ 半个
珍珠糖 / 适量

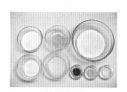

做法

STEP [1]
温牛奶 20 毫升混合干酵母，取大碗放入 A
中材料，搅拌均匀。

STEP [2]
在 1 中倒入牛奶，搅拌均匀；加入高筋粉，
倒入 27 克黄油，揉匀；将面团揉成球状，盖
上保鲜膜，放在温暖处发酵至变成原本两倍
大小，约 30~40 分钟。

STEP [3]
将发酵好的面团用擀面杖擀出空气，擀成长
方形的面饼。

STEP [4]
将 B 中的融化黄油均匀刷在面饼上，均匀撒
上细砂糖和肉桂粉，之后从面饼一端开始向
另一端卷。卷好后，将边缘捏实。

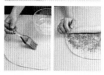

STEP [5]
用刀在面卷上斜切，使每一份被切成上窄下
宽的梯形，两手小指对合，从梯形的上部中
间向下压，做出造型。全部造型完毕后，将
所有面团盖上保鲜膜，放置 10 分钟；同时烤
箱 200℃预热。

STEP [6]
将鸡蛋液均匀刷在面团表面，撒上珍珠糖，
移入烤箱，180℃烤 15 分钟即可。

No Knead Basic Bread

—

免揉基础小欧包

—

No Knead Basic Bread

 1H50MIN   FEED 4

食材

·

高筋粉 / 225 克
全麦粉 / 25 克
干酵母 / 2 克
温水（浸泡酵母用）/ 6
毫升

调料

·

盐 / 4 克
细砂糖 / 10 克
温水（夏季 25℃左右，冬
季 35℃左右，春秋 30℃
左右。）/ 150 毫升

发酵方式有两种：

A. 过夜发酵：将发酵碗覆
上保鲜膜，放入冰箱冷藏
室，发酵 6~10 小时，至面
团变为两倍大即可。

B. 在室内找到 28~30℃的
角落，盖上保鲜膜，发酵
2 小时左右，至面团变成
两倍大即可。

做法

STEP [1]
先准备和称量所有材料；将干酵母浸泡在 6 毫升的温水中，
搅拌均匀，使酵母充分溶解。

STEP [2]
将高筋粉、全麦粉、盐、砂糖、酵母液，全部加入大碗中，
再加温水，先加九成的水进行混合，如果仍较干，就继续加水。

STEP [3]
用手将碗中面团揉捏成型，取出，在砧板或操作台上折叠、
摔打（提起面团一端，将面团向下摔打在砧板上），反复此
系列动作 5 分钟左右。

STEP [4]
5 分钟后，将面团整成球形，放入发酵碗中。

STEP [5]
一次发酵后的面团取出放在揉面垫上，轻轻压扁，折成四叠。

STEP [6]
在手中整形为球状；用刮板将面团切分成六等份，每份整形
为球状。

STEP [7]
放在揉面垫上，盖上湿布，醒发 10~15 分钟。（室温在 25℃
左右最佳。醒发后，将每块面团重新整形为球状，底部捏紧
收口，放在已铺好烘焙纸的烤盘上。

STEP [8]
将烤盘移入烤箱二次发酵，底层放置另一烤盘，倒入 60 毫升
左右的 90℃热水；发酵 40 分钟左右，至面团变成两倍大即可。

STEP [9]
取出面团，烤箱预热 210℃；面团表面筛上一层高筋粉，用
割刀在面团表面中央划出割口，深度任意。

STEP [10]
将面团放入烤箱，烤 15 分钟，取出冷却后食用。

做面包，从了解基础工具开始

The List of Essential Baking Tools

做面包，从了解基础工具开始

18 种常用面包烘焙工具清单

△ 王蕊 ｜ text & edit
△ Dora ｜ photo
△ i 烘焙 ｜特别协力

面包烘焙与做菜不同，称量、搅打、温度、时间，都需要严格控制。要成功做出喷香可口的面包，拥有适宜且准确的烘焙器具是首要条件。烘焙新手们常常面对器具不知所措，所以，我们整理了做面包必备的 18 种工具，只要按照清单购买，保证你不会再在关键时刻，找不到合适的器具。

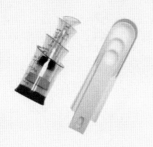

[01] 量具

[02] 手持电动打蛋器

烘焙需要严格按照配方称量配料，并且需根据材料液态、固态的不同性质及所需重量，选择不同的称量器具。量杯适合称量较多的液体及固体，量勺适合少量称量。量取时，还应注意正确读取数据。粉类需去掉表面凸起部分，且不可压得过实。量取液体则需视线与液体凹液面持平。

与手动打蛋器相比，手持电动打蛋器更加省时、省力，是打发鲜奶油与蛋液的好帮手。电动打蛋器的功率越大，搅打力度越大，需要搅打的时间便越短。电动打蛋器可配备不同的搅拌棒，椭圆形条状棒为最常见的打蛋棒，S形和面棒可用于面团、肉馅等黏度较强的食物，扇叶形搅拌棒多用于搅打黄油。

[03] 食品用温度计

[04] 电子秤

一些面包在发酵和烘焙时对温度的要求很严格，烘焙新手往往也很难通过外观与手感辨别面包内部是否熟透，这时使用探针型温度计，将探针插入面团中心，就可以快速进行判断，甜面包要超过85℃，欧包则为94℃左右。

精准的电子秤是烘焙必备工具。烘焙不同于中国式烹饪，面粉、水、酵母、糖，每样原料都需要精确的称量。电子秤的称量结果准确，读数直观，1克甚至0.1克都可以称量。注意：使用时需放在平稳台面上。

[05] 手动打蛋器

[06] 不同大小的搅拌碗

手动打蛋器常用于液体材料的简单混合，也可用于打发蛋液、黄油，但需要有强壮的胳膊与足够的耐心。

和面、发酵都少不了搅拌碗，有各种材质及不同大小，可根据需要和喜好来选择。

做面包，从了解基础工具开始

[07] 硅胶刮刀、刮板

[08] 吐司模具

刮刀用于翻拌面团，刮净碗中的剩余材料。刮板为面包整形、切面团的必备工具。带锯齿形花纹的刮板还可刮出奶油霜的花纹。刮板的柔软程度，对翻拌速度与融合速度有着直接影响。刮刀分为分体式刮刀与一体式刮刀，分体式刮刀需要分开清洗，一体式则不需要。

吐司模具通常为 450 克容量。一些内部为不沾涂层，易于脱模。非不粘涂层模具内壁则需涂油或喷油，清洗也较为麻烦。吐司模具分为加盖与不加盖两种。使用加盖模具做出的吐司顶部为方形，使用不加盖模具做出的吐司顶部为拱形。除了吐司模具，圆形模具等在做面包时也经常用到。

[09] 揉面垫

[10] 锡箔纸、油纸、保鲜膜

顾名思义，揉面垫是用来揉面的垫子，其功能类似于案板，但因其硅胶的材质，底部黏性很好，揉面时可起到防滑作用，并且易于清洗。部分揉面垫上印有标尺，无论是揉面还是面团发酵，都便于控制面团大小。

在面包烤制后期时，常覆一层锡纸，防止表面上色过深。油纸用于垫在烤盘之上，隔离烤盘与面团，防止粘连，同时便于清洗烤盘。在面团发酵与松弛时，均需使用保鲜膜覆盖面团，以防止面团表面水分蒸发而变干。

[11] 擀面杖

[12] 发酵篮

烘焙用擀面杖一般比家庭用擀面杖小一些。它的用处很多，压制面皮、面包排气、面饼整形都需用到。使用木质擀面杖时为了防粘，需要在案台上撒少许面粉，可能会使面粉变干，而硅胶材质的擀面杖则不易粘连。

发酵篮是制作欧式面包的必备工具，主要用于二次发酵成型，常见的有圆形、椭圆形、三角形。在面团发酵时，发酵篮的环形印迹会自然嵌入面团，使面团外部形成花纹，花纹在烘焙后依旧清晰。

[13] 面粉筛

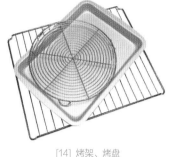

[14] 烤架、烤盘

烘焙时需将粉类过筛，过筛可以过滤出粉类中的较大颗粒，并使粉类更加均匀蓬松，利于混合。直接使用不过筛的粉类，会使成品糕点内部质地不均。面粉筛还可用于在成品表面筛可可粉、糖粉等装饰粉类。面粉筛通常分为手持筛和杯形筛。

面包烘烤出炉后，需先放置在烤架上冷却。冷却这一步至关重要，烘焙完成并不是打造好面包的终点，当面包内部温度冷却到27℃左右时，才是品尝面包的最佳时机，因为此时面包香味已经过充分凝聚，多余水分已基本蒸发，内部组织也已稳定。

[15] 砧板

[16] 隔热手套

烘焙需使用专用砧板。如烘焙砧板与家中的菜板混用，易因清洗不净，残留的余味混入面包，使做出的面包夹杂怪味。同时，一款美貌的砧板也利于摆盘、拍摄

烘焙中需要不停地与烤箱打交道，如果你不想赤手空拳、心惊胆战地从200℃高温的烤箱中取出面包，隔热手套是"护手"必备。

[17] 油刷

[18] 刀具

油刷用于为面包表面刷上油、蛋液、牛奶、腌料等。油刷通常分为硅胶刷与毛刷，硅胶刷易于清洗，可满足所有基础的涂刷功能。毛刷的涂抹会更加细腻，但较难清洗，使用久后可能还会面临掉毛的尴尬情况。专业面包师在制作欧式面包时也常用到喷油壶，能用最少的油量喷出均匀的不粘涂层，操作也更便捷，家庭烘焙也可以选购。

锯齿面包刀是烘焙爱好者们人手一把的必备刀具，使用锯齿面包刀，可以切出更加光滑、平整的切面。不同于一切到底，使用锯齿面包刀时，要如同锯木一般来回切割。长锯齿刀常用于切割硬壳面包，短锯齿刀用于质地松软或较小的面包。剪刀用于剪面团、做造型。

regulars

每个人都是面包师

说真的，自己的烘焙之路颇有些曲折，倒不是说遭遇了多少失败，而是，对于制作甜点压根没有任何的征服欲。因为吃过太多好吃的大师之作，觉得自己坐享其成就好了。是以，有一阵子专心致志地研究各式料理，烤箱烤得最多的大概就是鸡和蔬菜。

然而，做面包这件事，却彻底让我改变了对于烘焙的看法！

"面团是有生命的"，这句话我大概跟好多朋友都分享过！他们问我喜欢做面包的原因，我总是这么回答。面团在发酵的时候有呼吸的声音，而烤完的面包从烤箱拿出来后会唱歌，水、面粉、酵母、盐，就这么简单，就能创造出一个有生命力的，也能给你带来能量的食物，这难道不是最美妙的事情吗？

所以我买了各种"大神之作"回来研究，小心翼翼地培养天然酵母，精确地计算时间、温度，害怕影响面团的生命力，谨慎而惶恐地对待配方，生怕失之毫厘，谬以千里。这件事对于一个厨房里的自由主义者来说，未免太痛苦了。

▷ **野孩子**
text & photo

一直等到熟练后，才放下了对面包的敬畏之心。我喜欢严谨带来的完美，但我更中意灵光一现之后带来的微妙变化，虽然比不上教科书般的出品，但是独一无二足以让人心满意足。

制作面包其实并不如大家想象中那么困难，否则它也不会传承这么多年，在大半个地球担任着主食的重要角色。

$\frac{1}{2}$

1. 喜欢面包，因为"面团是有生命的"。

2. 你只需要一台烤箱、一口铸铁锅或者土锅、一点时间、一点耐心。

如同煮饭，多试几次掌握好淘米的程度，以及水和米的比例，再加上一口好锅，自然能煮出一锅好米饭。面包也是同理。不要太在意天然酵母与否，干酵母也是纯天然的产物；不要太执着于是否有足够的技术，一台好的厨师机或者面包机能帮你轻松揉好面，甚至有些面包根本不需要揉面，你只需要一台烤箱、一口铸铁锅或者土锅、一点时间、一点耐心，外脆内嫩的传统欧式面包，轻轻松松在家里就能完成。

比如这份黑胡椒肉桂核桃欧包。

Black Pepper Cinnamon
Walnut Bread

黑胡椒肉桂核桃欧包

—

Black Pepper Cinnamon Walnut Bread

🕐 *15H*   🍴 *FEED 4*

食材
·

高筋面粉 / 200 克 全麦面粉 / 100 克

调料
·

葡萄干 / 80 克 碎核桃 / 50 克 一些面粉备用

工具

直径 24 厘米的铸铁锅

做法
·

STEP [1]

在一个中等大小的料理碗里，放入除水和酵母以外所有的材料，混合均匀；然后加入酵母，混合均匀；慢慢加入冷水（先加入 300 毫升），用木勺或者手搅拌30 秒左右，直到面糊成为一个湿润粘手的面团。如果不够黏，再加入剩下的水，或者再多一点，根据个人的手感来！

STEP [2]

用保鲜膜封住碗口，放在温暖处发酵 12~18 小时（一般 12 个小时就够了，但是想要更加浓郁的风味可以发酵到 18 甚至 24 小时。冬天室温较低的话需要发酵 24小时）。

STEP [3]

第一次发酵完毕后，在案板上撒上大量的面粉，用刮刀把发酵好的面团完整取出来放在案板上。此时的面团会粘在碗上，产生一丝丝的面筋，而且又湿又散，但不可以加入面粉调整湿度。在手上撒点面粉，将面团轻轻提起来往里收，整理成圆形。

STEP [4]

在案板上放上一块麻布，撒上大量面粉，将整理好的面团放在布上，收口朝下。在表面稍微撒些面粉，然后用麻布轻轻盖住。发酵一到两个小时。此时面团会

膨胀至原来的两倍大，然后用手指轻轻插入面团 0.5厘米左右，没有回缩就是发酵好了，如果回缩再发酵15 分钟即可。

STEP [5]

发酵结束前 30 分钟，将烤箱预热到 245℃。然后将铸铁锅放入烤箱进行预热。

STEP [6]

将预热好的铸铁锅取出，将麻布里的面团翻面，然后在铸铁锅中放入面团，注意收口朝下，面团表面撒上少许面粉。盖上锅盖，烤 30 分钟。

STEP [7]

拿掉锅盖，继续烤 15~20 分钟，面包表面呈褐色即可。

STEP [8]

用刮刀或者隔热手套取出面包，放在冷却架上冷却一个小时。（注意这一步非常重要，这是欧式面包形成外脆内软口感的关键步骤。从烤箱中拿出来的面包里面非常湿润，开始冷却时，外皮收缩，水汽会从裂缝中蒸发，此时听到的噼啪声，就像是面包在唱歌，这就是面包的生命力啊。完成这一步，内外才会达到一个平衡，某种程度上好像肉类的熟成。）

△ 吉井忍（日）
text & photo courtesy

regulars

吉井忍｜日本面包的甜和软

面包店、パン屋さん、Boulangerie、Bakery Shop……"面包店"给人的感觉为何总是这么温馨亲切？不管是在中国还是在海外，踏上一条陌生的小路，遇到一家面包店，我总忍不住透过落地橱窗打量各式面包。在巴黎的面包店买 Baguette（法棍），柜台后的大姐店员从木柜中轻松抽出一根，灵巧地用纸包裹好递给你，带有温度的法棍实在太香了，往往会忍不住在公园长椅上坐下来，直接手撕品尝起来。

始终难忘的那家面包店在马尼拉，是 24 小时营业的小面包店。有一次和当地朋友聊到深夜两点，然后专程开车去买上 10 个 "pan de sal"（注：西班牙语的意思是"盐面包"，但在菲律宾它的口味偏甜，是一种椭圆形的小面包），每人 5 个分好，在旁边的小店点上一杯阿姨做的 Milo（美禄），就这样边喝边吃。这种微甜的小面包是当地最常见的主食，不过各店水平还是有高低之分。那一家不管是深夜还是白天都顾客盈门，传递出的是当地的口味、气氛和日常情感。

日本面包的甜和软
吉井忍的食桌 09

和中式面包结缘是在 1996 年的成都。当时我的主食和本地学生一样，就是馒头、饺子和白米饭。要想买块面包，得上街找蛋糕店。临街的玻璃橱窗里，面包和蛋糕被摆放在一起。椰丝奶油面包、花生面包、"毛毛虫"面包……说是面包，味道却像点心一样偏甜。我的法国室友常常抱怨中国面包甜过头，吃一点就会腻。毕竟欧洲吃小麦的历史悠久，室友也是从小吃面包长大的，若她觉得中国面包"不正宗"，我也无话可说。但我自己还是挺喜欢椰丝奶油面包上的奶油（现在想想，都是反式脂肪酸），以及柔软的小面包那醇和的口感。

几年前随丈夫搬到北京，发现小杂货店有卖"老面包"。巨大的烤盘模子里摆放着一块块憨头憨脑的方形面包，售货大叔用塑料袋裹好塞过来。到家用手撕成小块，工艺地道的面包层次分明，有拉丝的效果。虽然吃完手指油乎乎的，应该是含油含糖量不低，但我还是喜欢"中国面包"的风味，再配上一瓶花生奶，就堪称完美了。

我对中式面包的喜爱，源头可以追溯到日本的"菓子面包"，一种口味接近"菓子"（点心）的甜面包，陪伴了我整个童年时代。其中最有人气的"红豆面包"外皮绵软微咸，和豆沙馅儿很搭配。若追求更日式吃法，可以再配上一杯牛奶。因为"红豆＋奶制品"是日本"甘党"们的最爱。除了红豆面包，我小时候的"菓子面包"也就以下几种：果酱面包、奶油面包、哈密瓜面包（类似中国的菠萝包）。如今"菓子面包"的种类丰富多了，店家和食品公司几乎每个月推出新品，如加入肉桂、北海道特浓牛奶、比利时巧克力等。日本产品经常被取笑为"加拉帕戈斯化"：在太平洋的加拉帕戈斯群岛，由于远离大陆，这里的动物以自己固有的特色进化着。日本产品也是，在孤立的岛国环境中达成了独自（也有些奇怪的）进化。大家去日本的便利店看看面包货架，应该就能感受到日本的"菓子面包"也进入了"加拉帕戈斯"时代。

除了各种甜味，这类面包的另一个共同点是绵软的口感。日本人喜欢面包软若丝绵，这一点在普通的吐司面包上最明显。日本三大面包公司"Fujipan"、"Pasco"和"Yamazaki"各有畅销的吐司品牌：带着年糕般糯糯口感的"本仕込"、用开水做面团的"汤种法"而制出的"超熟"，还有因没有外皮而出名的"Double Soft"。日本人如此偏爱松软的面包，据说是因为吃了几千年的大米，以至于面包也要和米饭一样香软。

最后介绍的食谱很容易上手，可以说充分发挥了"把吐司当作米饭"的日本人风格。把平时放在米饭上的东西挪到面包片上，稍稍烤制而成的"和风吐司"定会带来新鲜感，打破"黄油加果酱"的金科玉律。最后，吃"纳豆吐司"时别忘了准备一碗味噌汤或绿茶，会比传统的咖啡更搭配哦。

納豆トースト

纳豆吐司

—

納豆トースト

⏱ *10 MIN*   🍴   *FEED*

食材

·

白吐司　<u>1 片</u>
纳豆（小粒为佳）　<u>1 小盒</u>
蛋黄酱　<u>适量</u>
海苔　<u>适量</u>

调料

·

马苏里拉奶酪（Mozzarella）　<u>1 小片</u>
黑胡椒粉　<u>少许</u>

做法

·

STEP [1]
吐司上抹蛋黄酱，放上剪成小片的海苔。

STEP [2]
纳豆先用筷子搅拌 20 回，若纳豆附有调料（酱油或黄芥末），一并搅拌，随后铺在吐司上，再在其上铺上马苏里拉奶酪片。

STEP [3]
放入烤箱，用中火烤制 3 ~ 4 分钟。按个人口味撒黑胡椒粉即可。

小贴士：
海苔一定要切成小片，否则纳豆会跟着整张海苔滑入嘴里，不方便食用。

欧洲谚语里，到处有跟面包相关的谚语。20世纪初的俏皮散文里，常见如"长得像没有面包吃的夜晚"这类比喻；在19世纪的小说里，一个标准的体面人，理该生活得"像退休面包商"。美国人说事，有所谓"这是切片面包发明以来最好的消息"。如此不一而足。当然，怎么也抵不上东正教领圣餐：葡萄酒是耶稣的血，面包是耶稣的身体。但天主教就不这么认为：他们觉得发酵罪恶，面饼必须是不发酵的。

<h1>面包传奇</h1>

鲜能知味 08

regulars

张佳玮 | 面包传奇

▷ 张佳玮 | text
▷ Ricky | illustration

这大概就是面包与其他面饼的不同：死面饼，不算面包；要发了酵，才是面包呢。法式长棍面包就有过规定：水、面粉、酵母、食盐，这就叫作长棍面包 baguette，加其他任何东西，都得除名！

面包得发酵，所以上古时期，面包和酒不分家。高卢人和伊比利亚半岛人，都用啤酒商撇下的泡沫和面，做出来的面包或者有啤酒味；希腊人用精面粉、油脂和葡萄酒做面包祭祀地神克托尼俄斯。早年间精面粉很难得，所以希腊人日常用大麦烤面包。雅典执政官梭伦连这个都管，认为小麦面包只有宴会时才烤——太奢华啦。中国人做面食讲究筛，多次筛过的细面粉用来做糕，只筛一箩的粗面粉拿来做草炉烧饼。欧洲人也是：筛过的小麦面粉烤的面包珍贵无比，没脱完麸皮的全麦面包最粗，拿来给马弁吃，马弁都不高兴，会拿来直接喂马匹算了。

欧洲人还爱说"刚出炉的面包"，吃惯冷面包的人对这一点大概不易理解。面包刚出炉，蓬松香浓，极好吃，虽然和烤山芋有类似处，闻着比吃着好，但还是动人；时候稍长，面包失水便发硬，可以当棍子和锤子使。所以你在欧洲大街上，常可见有大汉从面包房出来，怀揣一纸袋子刚出炉的面包，拿出一个张口大嚼，那是争分夺秒，把握面包最美妙的时刻呢。中世纪时，欧洲人直接拿干掉的面包当盘子使，甚至可以拿来盛汤。当然，面包被汤泡软了，偶尔也能吃的——虽然听上去挺可怕。18世纪到19世纪，欧洲人怎样形容律师或手工坊主剥削学徒呢？答：给他们干掉的面包和一碗汤，让他们自己慢慢想法子，把面包泡软了，刨着吃——用刨这个字，丝毫不突兀，真就是刨墙的吃法呢。

中世纪时的欧洲人，收割了谷物也不能干吃。在17世纪欧洲最富裕的国家荷兰，老百姓也不过是变着法子吃黑麦、大麦、荞麦、燕麦甚至蚕豆粉做的面包；上等小麦制的面包就算打牙祭。因为面包是欧洲人的主食，控制了一个地区的面包，就能控制那个地区，所以就有了这么回事：众所周知，欧洲城堡是军事据点，大人物所居。而中世纪城堡建筑的所在，若非军事险要，就会和磨坊临近。哪位问了：为什么呢？其一，磨坊大多在当地最好的流水所在地，方便城堡里的人取水；二来保卫了磨坊，就是保卫了本地区人民的口粮。何等厉害！

一直到 19 世纪，在世界最富裕的国家"日不落"大英帝国，面包都是关键。据史学家克里斯琴·彼得森分析：普通人家，日常八成开支在食物（也不奇怪，那时还没有 iPhone 和迪奥套装来占据家庭预算呢）；而食物里，八成又在面包上。简单说，开支里近三分之二都是面包。你可以说英国人太不懂吃了，富裕也只能吃面包，但事实是他们也不易。虽然英国早就在 1202 年发布了《面包法》，但实施起来很一般。18 世纪的约瑟夫·曼宁先生认为，面包商把豆面、白垩、铅白、熟石灰和骨灰塞进面包里，当然还免不了明矾之类。于是英国当局痛下决心：但凡面包出问题，每块面包罚面包商 10 英镑，或者蹲监狱一个月；甚至当局考虑：违法乱纪的面包商……应该直接发配去澳大利亚！——那会儿，澳大利亚还是个蛮荒所在呢。

法国人对面包的感情很妖异。根据早年间的说法，烤面包的炉子是女性的子宫，面包本身是男人的男性器官——虽然是想表示面包孕育法国人，细想来还是不舒服。但"面包师是法国人的良心"这一点，古已有之，所以村里的神父必须每周专门腾出一天，负责聆听面包师的忏悔告解。

软面包，即 brioche，基本还是按面包套路做的，只是会额外加鸡蛋、黄油甚至偶尔加白兰地，来让面包更轻软、精致、丰满又温柔。当年卢梭先生提过一个典故：某贵妇人（一般认为是暗指路易十六的王后安托瓦内特）很无知，问："农民没有面包吃，干吗不吃软面包？"这就是法国版的"何不食肉糜"了。在法国人的概念里，软面包就是高一等级的存在，以至于出过些奇怪的认知：19 世纪，法国人才觉得，普通的面粉酵母盐水面包，才能培养出勤劳工作的农民；软面包代表着游手好闲的公子哥儿，以及他们一如面包一样软趴趴的个性；而且，最初的软面包是比利时啤酒的酵母制作的，简直是叛国嘛！

当然，到了这个时代，面包的命运发生了天翻地覆的改变：首先，全麦面包代替了白面包，成了民众的首选——因为健康嘛。然后，食物的大丰足，也让面包成了陪衬。现在你去欧洲哪个馆子里，面包不再是主食，而是主菜——炖猪肉啦、煎鳕鱼啦、油封鸭啦——的伴碟食物。羊角面包还是人人爱吃，加了枫糖、杏仁或巧克力尤其动人，但法国女孩子会考虑再三，因为她们都知道，羊角面包芳香郁郁，主要是黄油的功劳。

世上一切好吃的东西，都不那么健康——真是让人又爱又恼。

▼———— 网站

亚马逊 / 当当网 / 京东 / 文轩网 / 博库网

▼———— 天猫

中信出版社淘宝旗舰店 / 博文书集图书专营店
墨轩文阁图书专营店 / 唐人图书专营店
新经典一力图书专营店 / 新视角图书专营店
新华文轩网络书店

▼———— 北京

三联书店 / Page One 书店 / 单向空间
时尚廊 / 字里行间 / 中信书店 / 万圣书园
王府井书店 / 西单图书大厦 / 中关村图书大厦
亚运村图书大厦

▼———— 上海

上海书城福州路店 / 上海书城五角场店
上海书城东方店 / 上海书城长宁店
上海新华连锁书店港汇店 / 季风书园上海图书馆店
"物心" K11 店（新天地店）

▼———— 广州

广州方所书店 / 广东联合书店 / 广州购书中心
广州学而优书店 / 新华书店北京路店

▼———— 深圳

深圳西西弗书店 / 深圳中心书城 / 深圳罗湖书城
深圳南山书城

▼———— 江苏

苏州诚品书店 / 南京大众书局 / 南京先锋书店
南京市新华书店 / 凤凰国际书城

▼———— 浙江

杭州晓风书屋 / 杭州庆春路购书中心
杭州解放路购书中心 / 宁波市新华书店

▼———— 河南

三联书店郑州分销店 / 郑州市新华书店
郑州市图书城五环书店 / 郑州市英典文化书社

▼———— 广西

南宁西西弗书店 / 南宁书城新华大厦
南宁新华书店五象城 / 南宁西西弗书店

▼———— 福建

厦门外图书城 / 福州安泰书城

▼———— 山东

青岛书城 / 济南泉城新华书店

▼———— 山西

山西尔雅书店 / 山西新华现代连锁有限公司图书大厦

▼———— 湖北

武汉光谷书城 / 文华书城汉街店

▼———— 湖南

长沙弘道书店

▼———— 天津

天津图书大厦

▼———— 安徽

安徽图书城

▼———— 江西

南昌青苑书店

▼———— 香港

香港绿野仙踪书店

▼———— 云贵川渝

成都方所书店 / 贵州西西弗书店
重庆西西弗书店 / 成都西西弗书店
文轩成都购书中心 / 文轩西南书城 / 重庆书城
重庆精典书店 / 云南新华大厦 / 云南昆明书城
云南昆明新知图书百汇店

▼———— 东北地区

大连市新华购书中心 / 沈阳市新华购书中心
长春市联合图书城 / 新华书店北方图书城
长春市学人书店 / 长春市新华书店
哈尔滨学府书店 / 哈尔滨中央书店
黑龙江省新华书城

▼———— 西北地区

甘肃兰州新华书店西北书店
甘肃兰州纸中城邦书城 / 宁夏银川市新华书城
新疆乌鲁木齐新华书城
新疆新华书店国际图书城

▼———— 机场书店

北京首都国际机场 T3 航站楼中信书店
杭州萧山国际机场中信书店
福州长乐国际机场中信书店
西安咸阳国际机场 T1 航站楼中信书店
福建厦门高崎国际机场中信书店

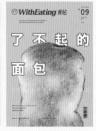